吉村生

暗渠パラダイス!

髙山英男

朝日新聞出版

はじめに

幼少期は小川のメダカを追いかけ、思春期、つらいときは橋の下に泣きに行った。通学路にはいつも、ゴトゴトとつづくコンクリート蓋《ふた》暗渠《あんきょ》があった。子どものころ、暗渠や開渠《かいきょ》が好きという認識は正直なところなかったが、それらは、あまりにも生活のすぐそばにあったのだと思う。郷里では、あらたに暗渠ができるということはなかったし、開渠は少しだけうす汚れたものの、ほぼ変わらぬ姿で、ずっとそこにあった。

川が変化してゆくさまを見たことがない。そのためか、「事情があって蓋をされた川」があるということに、強く惹《ひ》かれた。歩く、調べる、想像する。足もとに積み重なる世界の、豊かさが見えてくる。こんなにもおもしろいことが、あるだろうか?

「見えないものを見ようとする」。この1年で、このフレーズを何回か聞いた。それも、まったく異なる方面の人たちから。

「見えないものを見ようとする」。それは明らかに、暗渠趣味についてもいえることである。蓋の向こうに水を思う。流れは、見えないからこそ強く心を惹く。見えないからこそ、頭はぐるぐると情報をめぐらせ、映像を投影し、心はその地面にロマンを感じ取る。見えないからこそ、においを感じやすかったり、わずかな造形の違いに敏感になったりする。見えないからこそ尊さが増し、いつまでも関心が持続する。

小学校、中学校に通うとき、そうとは知らずに踏みしめていた。山形市のコンクリート蓋暗渠

たとえば天体観測をする人たちがそうであるように、さまざまな人たちが、「見えないものを見ようとする」ことに心惹かれていた。そのために空を見上げる人もいれば、（おそらく）森を見る人や、（おそらく）山に登る人もいるのだ！　たまたまわたしのチャンネルは、暗渠だった。

そして、チャンネルが暗渠である者どうしでも、その見方には個性が出ることがある。共著者である髙山氏とわたしは、アプローチがおどろくほど異なる。髙山氏は暗渠を自己とみなし、同一視しているらしい。いっぽうわたしは、暗渠を大切な人と位置づけ、対象化していた。だからわたしはひとつの暗渠のことを、得られる限りの細かい情報をあつめて、より知りたくなってしまうのだ。髙山氏は、あたかも自己分析のごとく、とりつかれたように俯瞰的・客観的データをならべる。地面を這《は》う蛙と、空を飛ぶ鳥。本書ではこの見方の違いを活かし、共通テーマに対して交互に書いていく構成とした。

タイトルには、思いのほか、苦労した。最終的に選ばれた『暗渠パラダイス！』には、幾重にも意味が付与されている。従来の「暗渠」は、「地下に埋設された水路」であるが、我々はそれを「かつて川だった場所」と再定義する。「パラダイス」も同様、辞書的には「苦しみのない楽園」であるが、我々は「苦しみも悲しみも含めた、あの世のようなもの」（暗渠にはつねにそれらがつきまとう。芝木好子著『洲崎パラダイス』が参考になるだろう）、暗渠を介して味わえる自分自身の幸せな状態や、暗渠のことばかり詰めこんだまさにこの本のこと、そんな複数の意味を込めた。「！」は、それらの強調であり、我々の暗渠に対する想いの洪水でもある。

本書は、暗渠の「読みもの」を目指して編んできた。あまりにも奥深い暗渠の、一端しかおそらくこの本には描くことはできないだろう。だが、暗渠にあまり関心のない人でも、暗渠上級者でも、愉しめる本に。明日には少し、近所の暗渠に出かけたくなるような本に。そんな本になれていたらいい、と思う。気軽に、気の向くままにページをめくっていただければ、幸いである。

2020年1月

吉村　生

暗渠パラダイス！

目次

髙 髙山英男
吉 吉村　生

暗渠パラダイス！

ブックデザイン・組版
中村 健（MO'BETTER DESIGN）

地図 国土地理院「地理院地図」
一般財団法人日本地図センター「東京時層地図 for iPad」
主にこれらを使用し、地名や川跡などを追加しました。

写真 朝日新聞出版写真部
（P29・33・34絵図 掛祥葉子、P175 高野楓菜、P205書影 張溢文）
とくに記していないものは、著者撮影

序章

暗渠のきほん

高山英男

パラダイスへと
旅立つ前に。

本編に入る前に、暗渠《あんきょ》の基礎知識をおさらいしておこう。

ここでは、暗渠とは何か、どんな面白さがあるのか、身近で暗渠を見つける方法などを「暗渠のきほん」としてごく簡単にご紹介していく。

「暗渠」の定義

本書で語る「暗渠」について、まずは定義しておきたい。

そもそも暗渠とは、もともとあった川や水路など水の流れに蓋《ふた》をしたものだ。すなわち水面の見えない水の流れのことを指す。これに対して、水面が見えるふつうの川や水路を開渠《かいきょ》または明渠《めいきょ》という。

暗渠にかけられる蓋はさまざまだ。単に木材やコンクリート板がかけられる場合もあるし、土管に流れを移し、そこに土やアスファルトが被せられる場合もある。これもある意味、蓋である。後者であれば、外見からはもうほとんど昔の川や水路だった頃を想像するのは難しくなるだろう。また多くは大掛かりな土木工事を伴うので、「もともと流れがあった場所」と数センチ違わず同じところにあるとは限らない。場所によっては、暗渠化の際に流路が大幅に付け替えられている可能性だってある。

上／埼玉県蕨市錦町。細長いコンクリートの蓋がかけられた水路。歩くとゴトゴト音がしそうだ
下／青森市千刈。住宅地の間を蛇行する暗渠。白く塗り固められた道路が暗渠だと何人の人が気づくだろう

狭義で暗渠を語れば、このよ

右／地面に絵を描くように伝う東広島市西条上市町の暗渠は、まるでナスカの地上絵だ
左／じっと見ているとストーンヘンジに見えてくる。葛飾区鎌倉、小岩用水にかかる橋跡

うに「流れを地下に移したり、流れに蓋をかけたりしたもの」ということになるが、本書ではもう少し広義でとらえて、現在地下に水が流れていようがいまいが、川跡・水路跡すべてを「暗渠」と呼んで、話を進めていくことにする。たとえ水の流れが失われていても、そこにはいまだ川の魂が残っている――そう考えたいからだ。

暗渠の愉しみ3要素

暗渠の道に入って以来、いろいろな暗渠を見てきたし、たくさんの暗渠好きの人にも会ってきた。そのうえで言えるのは、暗渠によって、場所によって、見る人によって、さらには自分の状態によっても、心揺さぶられる要素が違う、ということだ。

ただ、それらは以下の三つに集約できるような気がしている。いわば「暗渠の愉しみ3要素」だ。

【1】たたずまい（景観）

まずは暗渠そのもののたたずまい、すなわち暗渠のある景色・景観を鑑賞する愉しみである。

暗渠は、場所によっては諸行無常を感じるプチ廃墟のようでもあり、心を映す枯山水庭園のようでもあり、美しく苔むす侘び寂空間が広がるところでもある。これら独特のランドスケープを愉しめるのが暗渠だ。あまり理解されないが、ちょっと行き過ぎ

横浜市港北区篠原西町、滝の川支流暗渠。暗渠の数だけ表情がある。一期一会の景観を味わい愉しもう

暗渠サインランキングチャート

これがあれば近くに暗渠があるかも、というのが「暗渠サイン」。
それらの確からしさを「暗渠指数」として、順番に並べてみた。

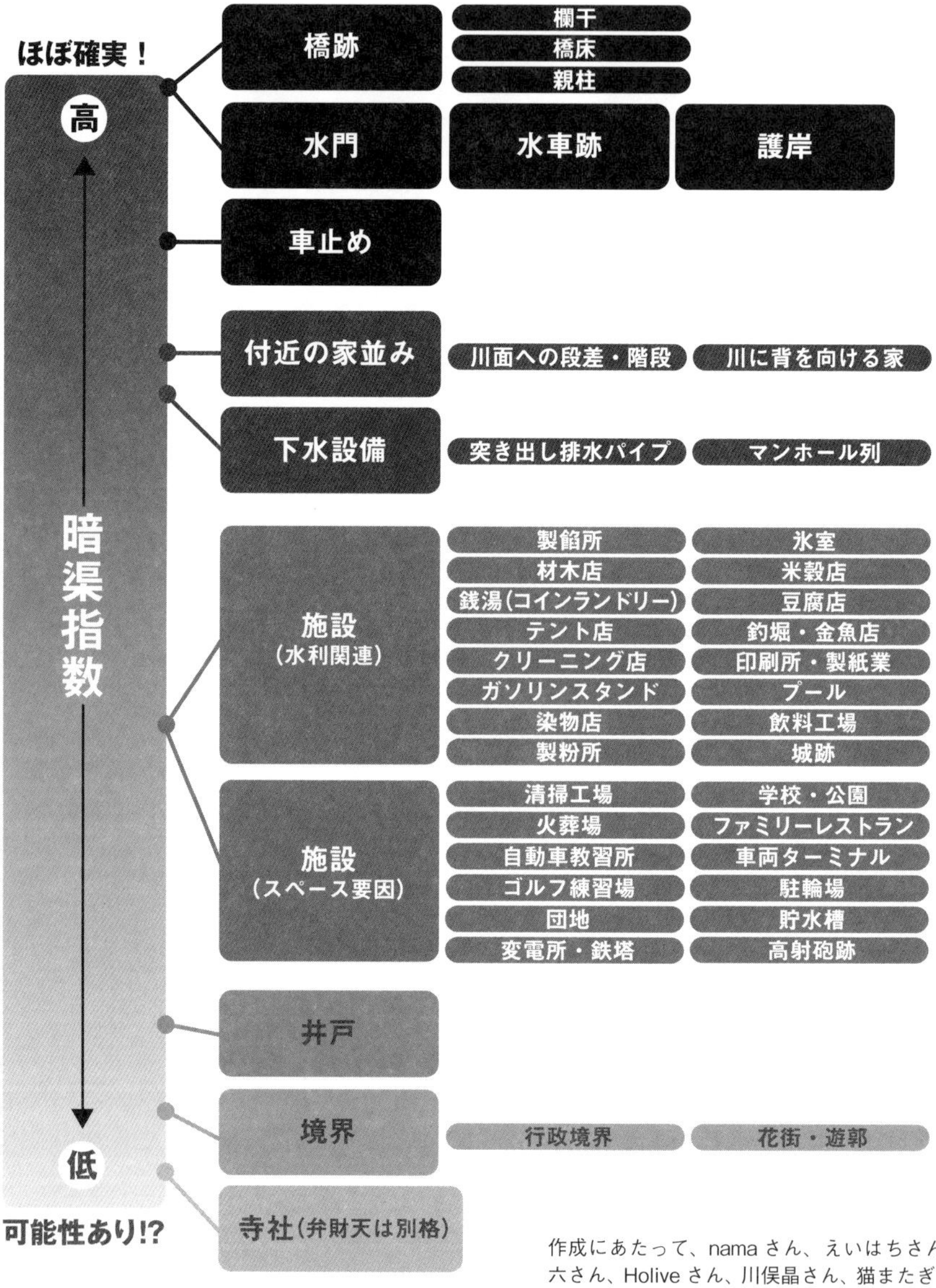

作成にあたって、nama さん、えいはちさん、俊六さん、Holive さん、川俣晶さん、猫またぎさん、味噌 max さん、hikada さん、ろっちさん、野村有俊さんのご協力をいただきました。

た愉しみ方としては、暗渠景観を何かに見立てる愉しみ方もある。

　また暗渠そのものではなく、暗渠でよく出現する「車止め」「マンホール列」「銭湯」「車両ターミナル」など、数々の「暗渠サイン」を見つけ、鑑賞する愉しさもある。

【2】うつろい（経過）

　川や水路が暗渠になる、ということはやっぱり何か原因があったはず。それは、暮らしを豊かにする新たなインフラに水面が吸い取られていったのかもしれないし、はたまた、生活用水や排水の混入で放たれる異臭を封じ込めたのかもしれない。あるいは、戦争や災害が生んだ瓦礫《がれき》を川が静かに受け入れたのかもしれない。

昭和30年代前半に行われた、千駄ヶ谷の原宿警察署裏を流れていた渋谷川支流での暗渠化工事の様子（白根記念渋谷区郷土博物館・文学館『特別展「春の小川」の流れた街・渋谷——川が映し出す地域史』より）

　水辺がなくなる背景には、必ず何らかの歴史がある。水は恵みでもあるが、時として我々に牙をむく畏れの対象でもある。決して「楽しい」だけではないそのうつろいを、調べ、尋ね、読み解く愉しさを味わってほしい。

　また、多くの暗渠は近代、特に昭和以降にできたものであり、開渠の頃をまだ知っているご存命の方から直接、いきいきとした言葉で川の昔話を聞ける場合も多い。そんな「ヒューマン

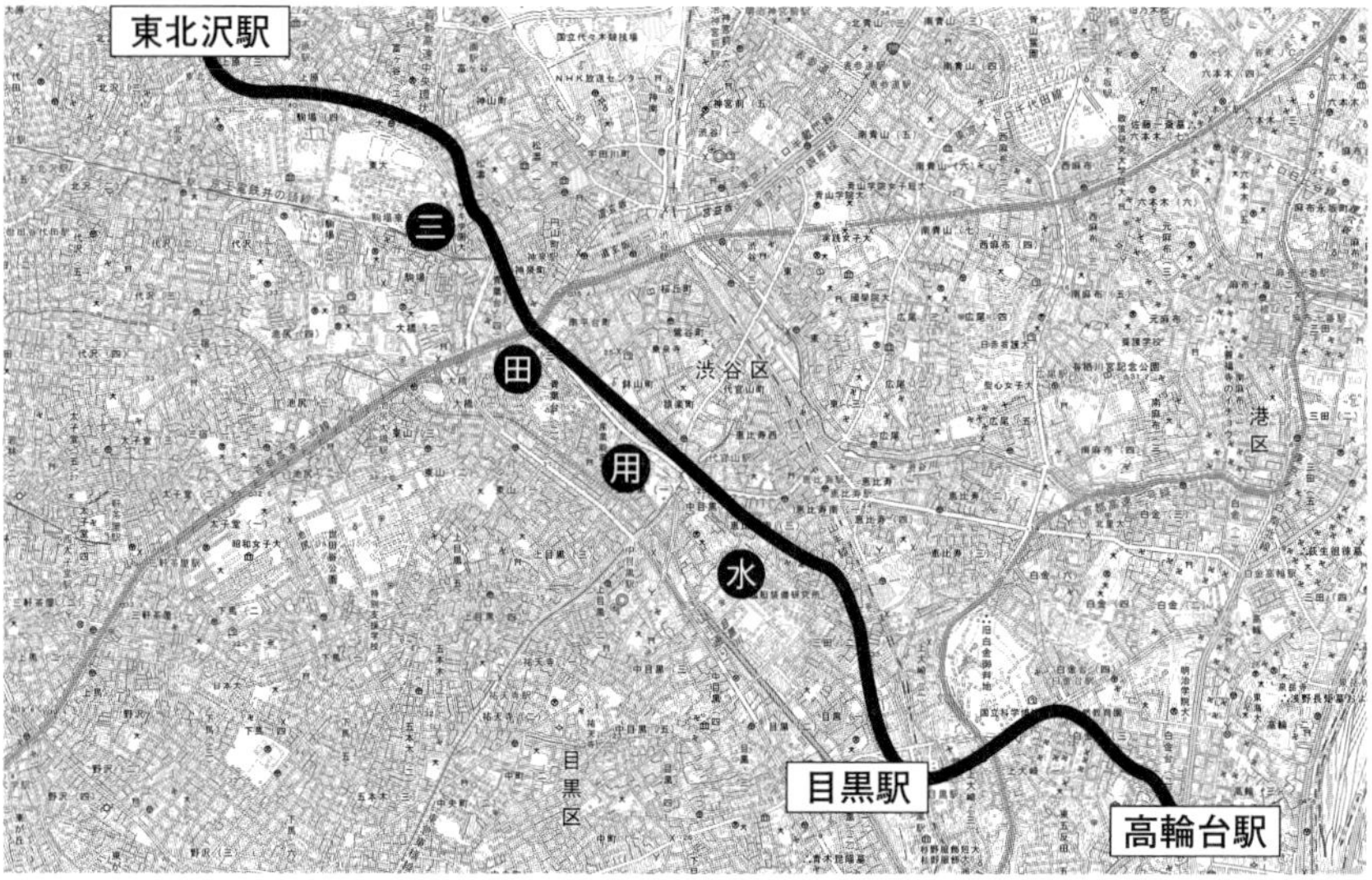

東北沢から小田急線で新宿に出て、山手線で目黒に行き、目黒通りを通って高輪台に……でなくても、3カ所は「三田用水」で直につながっている（地理院地図）

スケールの歴史」に触れられることも大きな魅力だ。

[3] つながり（経路）

「小田急線東北沢駅、JR山手線目黒駅、都営地下鉄浅草線高輪台駅の三つの駅は、何でつながっているか？」と問われたら、あなたは何と答えるだろう。

　これらの駅たちは、我々が普段使う交通網では何度かの乗り換えが必要で、「直でつながっている」とは言い難い。鉄道や幹線道路などが整備された都会に住んでいると、頭に思い浮かべる地図もこれらの交通網がベースになりがちだ。

　しかし、暗渠の経路をたどれば、これらは三田用水（江戸時代の人工水路・玉川上水からの分水。近代までさまざまな用途に使われた）という水路上に並んでおり、まさに直でつながっているのである。見えないネットワークが顕在化する瞬間だ。

　暗渠という「見えない川の川筋」をたどることで、脳内地図に新たなつながりが浮かび上がってくる。実際、暗渠を辿《たど》っていると「ここととあそこがつながっていたのか！」

と驚くこともしばしばだ。そんなときは頭の中がすっきり晴れやかになるし、謎解き成功の快感で鳥肌が立つことさえある。

暗渠とは街に潜んだ見えないネットワークであり、街は、そのつながりを見つける愉しみをはらんだ壮大なパズルなのだ。

暗渠の見つけ方

そんな暗渠が自分の街にも果たしてあるのだろうか、なんて心配はご無用。たいていの近代化された街ならば、きっと暗渠はある。

先ほどの「暗渠サイン」を手掛かりにするのも有効だが、現場での見つけ方をざっくり五つ、ご紹介しよう。

【1】並んだ蓋

川を最も簡素な方法で暗渠化するには、「蓋をかけること」だ。コンクリート製の長細い板が並んでいる道があれば、それは暗渠の蓋だと思って間違いなかろう。歩くとゴトゴト音がする場合もあるので、その響きもあわせて愉しんでいただきたい。もちろんコンクリート以外に木材や鉄板などを使った蓋もある。

【2】低く細い道

両側もしくは片側が崖の細い道、またはほんの数十センチでもいい、周囲より低いところを這うような細い道はないだろうか。そこは、まわりから水が集まって小さな流れをつくっていたかもしれない。

[3] 不自然な幅

すっかりアスファルトで固められた、表面上は普通の歩道。でも、なんだか必要以上に幅が広くて不自然……。それはもしかしたら、流れを土管に移してアスファルトを敷いたからという、川都合《つごう》で広くなった歩道かもしれない。不自然に広い歩道は疑ってみよう。

[4] 湿気・苔

水が集まっていた道ならば、湿気も溜まる。実際、地下に水の流れがあるならなおさらである。足を踏み入れると、妙に肌にうるおいを感じる、そんな道こそ立ち止まってみるべし。苔、あるいはシダやドクダミなどの植物が茂っていることも多い。

[5] 水の音

都市の中小河川は下水道に転用されているところが多い。そのため普段から、大雨時などではとくに、道の下からごうごうと水の流れる音が聞こえてくる場所がある。マンホールが並んでいる道があれば、ぜひ地下のせせらぎに耳を傾けてみよう。

このほか、現場に行かなくても、地図を見ながらあれこれ推測できる方法もあるのだが、それは、コラム8（190ページ）で紹介したい。

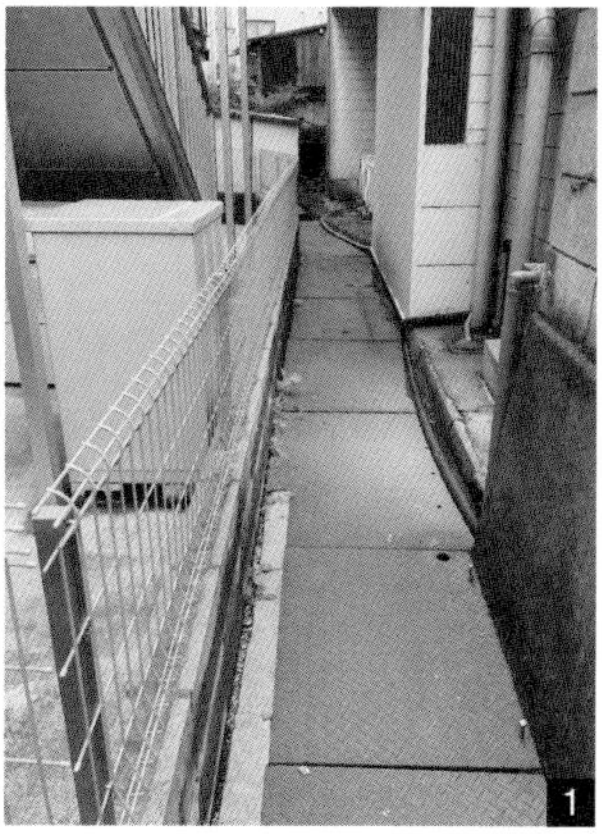

1／千葉県柏市旭町、大堀川の支流暗渠。コンクリートではなく赤い鉄板が水面を隠している
2／杉並区和田、小沢川の暗渠。細く低い道には、周囲との段差を埋める短い階段がかけられている
3／葛飾区鎌倉、小岩用水の分流の暗渠。ぱっと見、どっちが車道でどっちが歩道かわからない、おかしな幅の道
4／杉並区西荻北、善福寺川支流の暗渠。苔や草が美しく萌える。初夏以降は藪蚊も多く、入るには少し勇気がいるかもしれない
5／目黒区下目黒、マンホールが並ぶ羅漢寺川の暗渠。下から聞こえてくるのは荒ぶる激流の音か、はたまた水琴窟のような涼音か

魔法のメガネ、暗渠

以上が、「暗渠のきほん」簡単レビューだ。

「もっと暗渠を詳しく知りたい」とマニアな道を志す人がいればもちろんうれしいが、まずは暗渠というものの存在を認識していただくだけでも充分かと思う。それだけでもきっと、あなたの街を見る目が変わるはずだから。

あなたのいつもの街は、実は見どころいっぱいの街かもしれない。あるいは未知のドラマを抱える街かもしれない。はたまた宝探しのフィールドのような街であるかもしれない。

暗渠は、街の景色を変える魔法のメガネだ。さあ、このメガネをかけて、私たちと一緒に冒険に出かけよう。いつもの街に。

【参考文献】
菅原健二『川の地図辞典――江戸・東京／23区編』之潮、2007年

人のみちと水のみち、
その接点とは。

第1章
街道と暗渠

五街道・暗渠的「推しミチ」決定戦

髙山英男

街道と和解せよ

我々と同じく「街を歩く」趣味の中に、「街道」というジャンルがある。そう、歴史ある道を調べたり愛でたりする趣味だ。こちらは暗渠と違ってずっと前から一般化しているような気がするし、これを嗜む「街道人口」も多いのではないだろうか。

試しにGoogleで「街道マニア」を検索してみると、「約1,000,000件」のヒットがあったと表示された(2020年1月27日時点)。これに対して「暗渠マニア」での検索結果は、「約48,900件」である。うおお、20倍以上も差があるとは恐れ入りました。ちなみに「鉄道マニア」でやってみると、「約10,900,000件」。ここまでくると、もう棲《す》む世界が違う感すらある。

いずれにしても、街道は暗渠に比べたくさんの人々に認められている、メジャーな趣味であることは間違いない。

街道も暗渠も同じ「街を歩く」趣味なのだから、両方とも大好きな人がたくさんいてもよさそうだが、街道趣味と暗渠趣味はなかなかに相容れないものなのだ。なぜなら、街道は「できるだけ谷に下りずに尾根伝いに歩く」道が多い(もちろん例外もある)が、自然河川暗渠は谷、すなわちより低いところをめがけて進みゆくものだからだ。高いところを伝う街道の人と、低いところを目指す暗渠の人では、そもそも得たいものが違っており、それを満たすための行動も違って当然なのである。

「街道」の人はいったい何が面白くてハマっていくのだろ

うか。三つほど仮説を立ててみた。

❶名所旧跡を巡る「レジャー」としての魅力
❷歩いて健康を増進する「スポーツ」としての魅力
❸好奇心を刺激する「知的フィールド」としての魅力

その上で個人の感想だが、①や②はやはり私のような暗渠マニアには縁遠く、惹《ひ》かれる余地は皆無である。注目すべきは③だ。具体的な萌えポイントはもちろん暗渠とは全然違うであろうが、こうしてみると方向性だけは一致している。ならば互いに面白がれる共感ポイントが見いだせるのではないか。それも不可能ではない気がしてきた。何より、私自身が愉しめそうな予感がする。

そこで以下、暗渠マニアが街道を愉しみ、かつ街道マニアも暗渠を愉しめる方法の一案を提示してみたい。いわば「街道と暗渠の和解」の提案である。

本数と点数で評価する五街道

取っ掛かりとして、まずは日本で最も有名な「五街道（奥州街道・日光街道・中山道・甲州街道・東海道）」を例にとり、「街道×暗渠」の遊び方を試行してみよう。

各街道を全部やるととっても長いので、東京23区内に限ることとし（23区内では奥州街道と日光街道は同じなので、実際は四街道を扱う）、暗渠マニア視点で街道を評価する方法を探る。名付けて、「五街道・暗渠的『推しミチ』決定戦」である。

やることは、「本数を数える」「点数をつける」の二つだ。

「本数を数える」とは、街道を歩きながらそこに交差する暗渠を数えることである。いつもなら、暗渠を見つけたらついつい流れを辿《たど》り始めてしまうところだが、「街道から外れてはいけない」というルールを課すことで、なんだか「型にはめられる愉しさ」みたいなストイックな味わいも加わってくる。

本数という「数量」だけでなく、交差する暗渠の「質」

も測ってみよう、というのが二つ目の「点数をつける」だ。採点にあたってはいろいろな基準があろうかと思うが、ここではモデルケースとして以下の方法を採った。

まずは、そこに「橋跡」が残っているかどうか。橋跡といえば、暗渠の存在をもっとも確実に示す重要なアイテムだ。これが見られれば、5点を付与する。

次いで、川を匂わす「痕跡地名」も基準とする。橋の名前だけでなく、川絡み・水路絡みの名が目に付くところに掲げられていれば、橋跡に次ぐ4点を付与する。

さらに、やはり有力な暗渠サインであり、アイコンとしてわかりやすい&見つけやすい「車止め」があるかどうかを3点、そして、交差する暗渠が「緑道（または細長い公園）」になっているかどうかも、見た目のわかりやすさで2点に設定する。

また、これらの枠には入らないが、どうしても暗渠的にテンションが上がる！というものがある場合に備え、「その他」枠を設定し、点数は「時価」とする。

ではさっそく、これらの視点で各街道を見ていこう。

▼痕跡地名で味わう奥州街道・日光街道

奥州街道・日光街道では、日本橋を発ってまず初めに渡る暗渠が浜町川Ａである。ここには「鞍掛橋《くらかけ》」という交差点があるが、もちろんこれは浜町川にかかっていた橋の名だ。「痕跡地名」として4点獲得。さらに進み、神田川（開渠なのでスルー）を越えれば鳥越川Ｂとの交差である。ここにもこの川の橋名をとった「須賀橋交番前」という交差点が確認できる。さらに4点。北上し浅草の先では山谷《さんや》

奥州街道・日光街道　日本橋から埼玉県境まで辿ると、合計8本の暗渠と交差する。ちなみに交差する開渠は北端の毛長川含め4本（地理院地図）

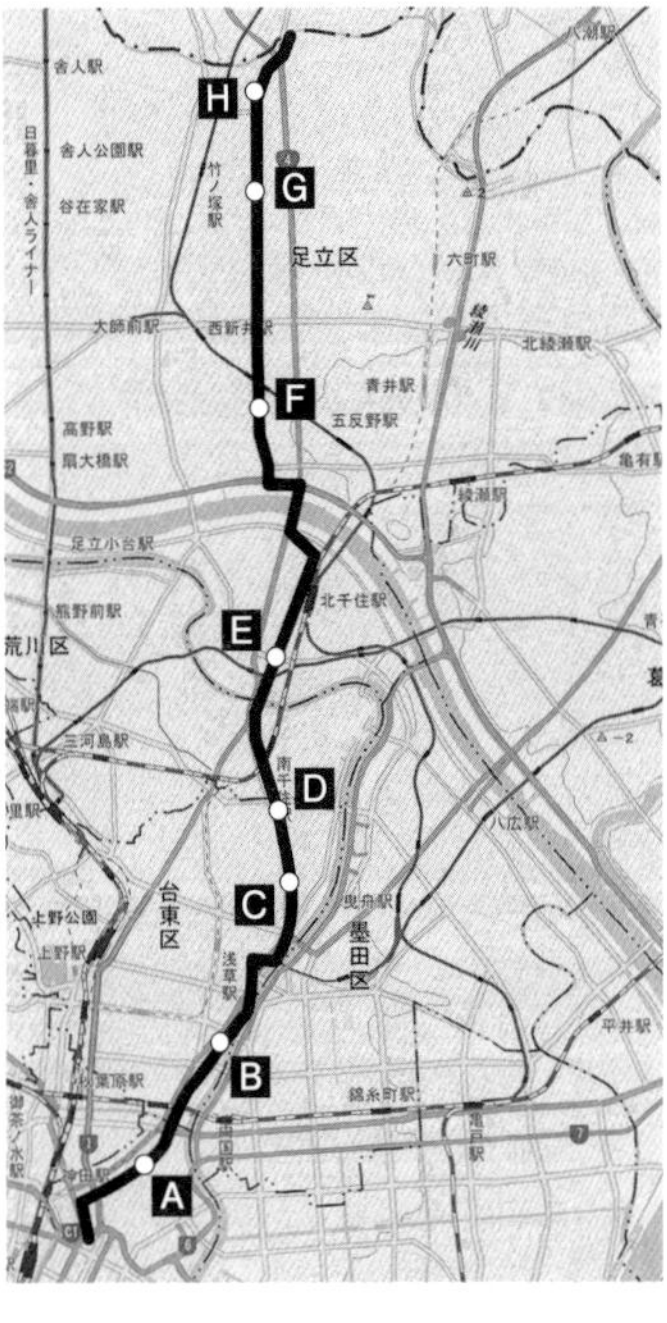

堀Cとの交差。ここには堂々とした「吉野橋」の橋跡が残っている。最高点の「橋跡」5点ゲットだ。さらに、ここは細長い緑道のような山谷堀公園ともなっているので、「緑道」2点も同時ゲットということになる。

このあと南千住の手前で思川《おもい》Dを越える交差点は「泪《なみだ》橋」でまた4点獲得。足立区に入ってからは牛田堀北千住支流（仮称）E、千住堀Fと本数カウントだけで点数に結びつかず、次の竹塚堀Gで「増田橋」交差点が現れ4点追加。以降、保木間《ほきま》堀Hとの交差を過ぎて埼玉県に入っていく。

以上、奥州街道・日光街道では交差本数は8本、点数は23点となった。本数はさほどではないが、4カ所に及ぶ痕跡地名が高得点につながったようだ。

山谷堀との交差地点に堂々と残る吉野橋の橋跡。この上流下流は山谷堀公園となっている

▼板橋の緑道と「時価」が支える中山道

中山道では、最初に交差するのが龍閑川《りゅうかん》Aである。そこから東大下水《ひがしおおげすい》B、小石川六義園《りくぎえん》支流（仮称）C、千川上水①Dまでは本数カウントだけで点数が入らない。しかし、次の千川上水②Eでは、この千川上水にまつわる石碑が出現する。

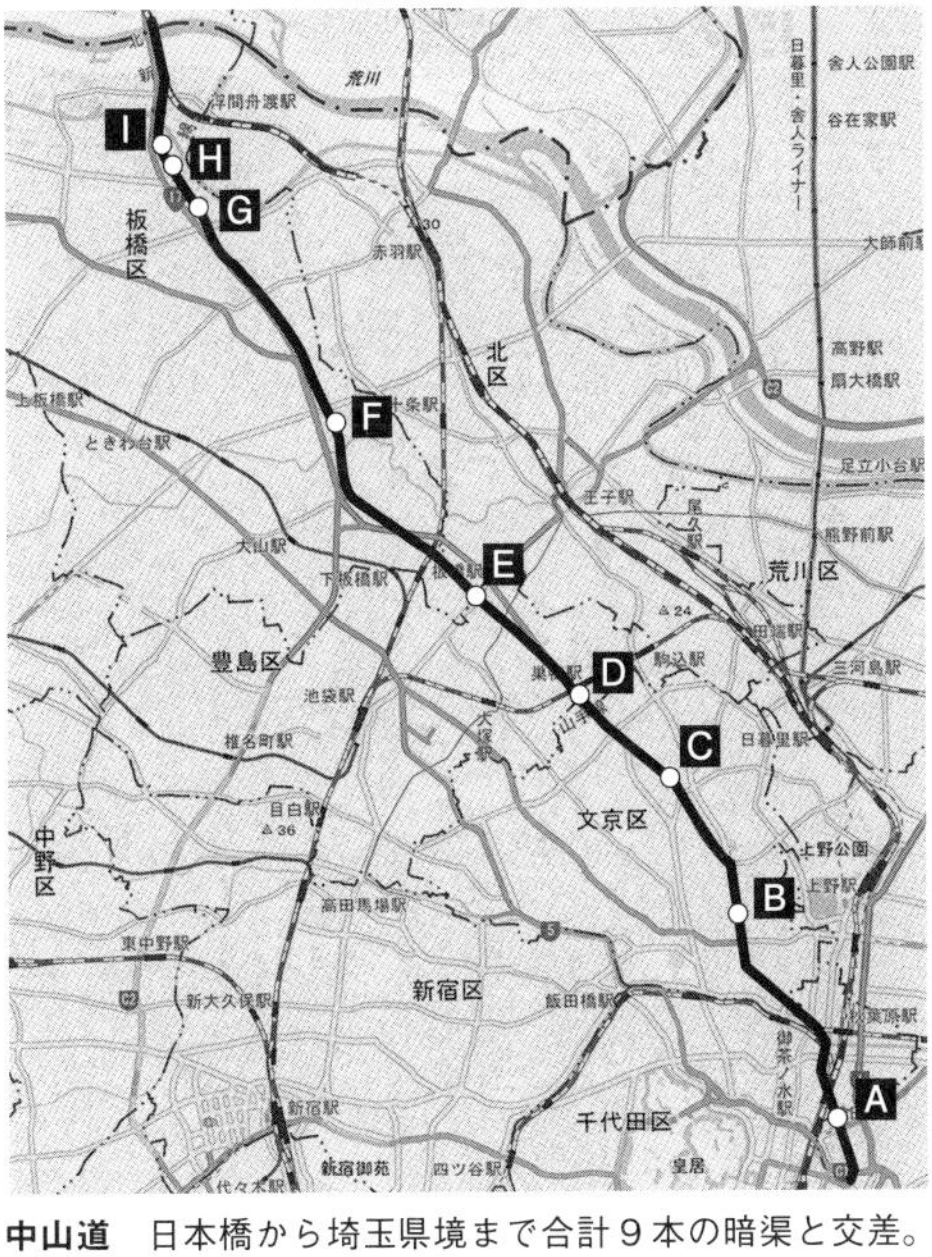

中山道　日本橋から埼玉県境まで合計９本の暗渠と交差。開渠は荒川・新河岸川含め４本（地理院地図）

道端に残る「千川上水分配堰」碑。1882年に建立されたもので、水利権や分水量などが刻まれている

「その他」枠はこのために設けたと言っても過言ではない。問題は「時価」である点数をどうするかだが、これは橋跡並みに貴重な物件だ、と私の脳内に棲む「萌え物件鑑定会議」メンバーが全会一致で推しているので、迷わず5点とした。さらにここには千川上水を分水したことからその名がついた「堀割」という交差点標識が信号と共に掲げられている。ここで一挙に痕跡地名の4点も加算である。

その後、板橋区に入って北耕地川Fをまたぎ、次いで交わる出井《でい》川Gには「新小袋橋」という名の橋跡が出現、その裏手は出井川の流れを思わせる緑道が延びているため5点+2点を同時ゲット。あとは埼玉県境まで蓮根《はすね》川H、蓮根川の支流Iともに交差地点は緑道となっており、2点、2点と小刻みに点数を重ねていく。

以上、中山道は交差数9本、獲得点数は20点となった。北区・板橋区にかけて中盤から後半の追い上げがすさまじい。

▼甲州街道の車止め小刻み連打

甲州街道を辿れば、西に環七を越えるまでは外堀川A、真田濠B、神田上水助水堀C、和泉川大原笹塚支流（仮称）Dの本数カウントのみ、点数なしが続く。しかし玉川上水Eで緑道ポイントを2点ゲットしてからは、3本の北沢川F〜H、同じく3本の烏山《からすやま》川I〜K、そして品川用水L、水無川Mと連続して出現する車止めでアタタタタッ！と着実な連打を重ねていく。

さらに、調布市との境目直前でダメ押しのように現れるのは、仙川あげ堀Nの小さな蓋《ふた》つき側溝だ。コンクリートで蓋がされている、いわゆる「蓋暗渠」は、車止めとセットで出現することが多いので、今回あえて基準からは外していたのだが、この蓋つき側溝は「車止めなんて大袈裟だからなくっていいよ」と言わんばかりの謙虚さで、そのくせちょっと下流に進めば急に堂々とした開渠になる、といった豹変ぶりを見せる暗渠だ。この個性豊かな存在に心

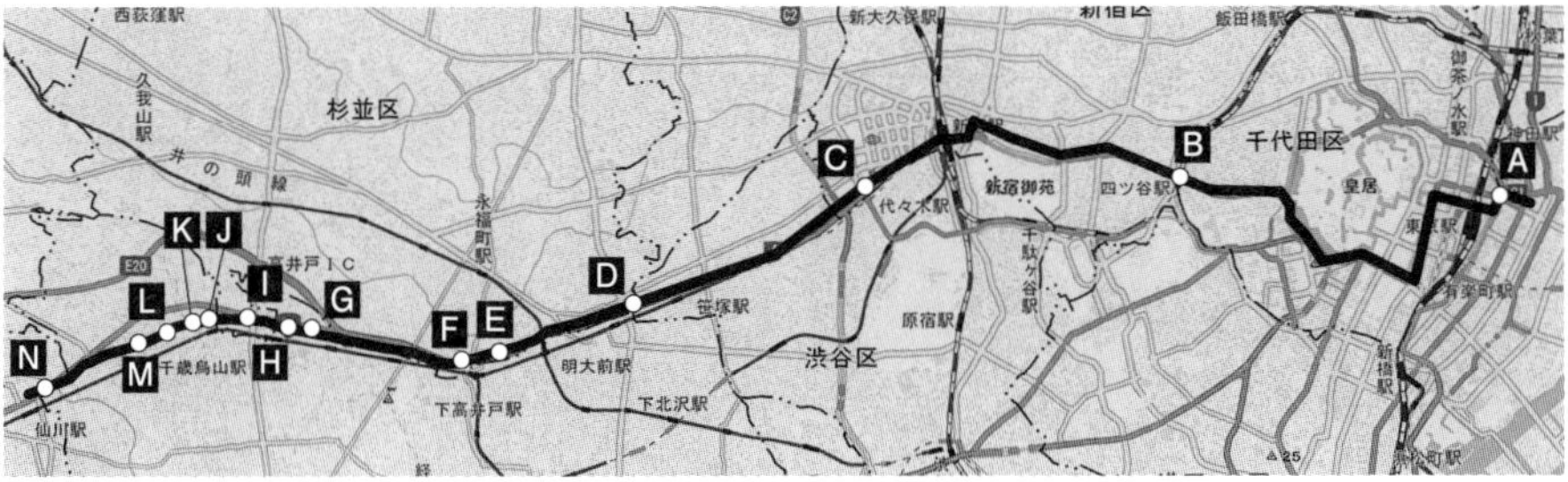

甲州街道　世田谷区を抜けるまで合計14本の暗渠と交差。開渠は仙川の1本のみ（地理院地図）

を奪われた私が「その他」枠・時価3点を与えるのをどうか許してほしい。というわけで、交差数14本、獲得点数は29点となった。

仙川あげ堀の蓋つき側溝は、うっかりすると見逃してしまうほどのひっそり感。しかし数十メートル下流に辿れば、いきなり太い開渠に変身する、妖怪のような暗渠だ

▼ロケットスタート、だがスタミナ不足か東海道

最後は東海道である。日本橋からは紅葉《もみじ》川A、京橋川B、汐留川Cと続くが、京橋川では京橋の橋跡5点&「京橋」交差点4点、汐留川では新橋の橋跡5点&「新橋」交差点4点と、大物かつ同時得点が重なり、いきなり序盤から確変大当たり状態で合計18点を叩き出す。

しかし、以降は宇田川D、入間《いりあい》川E、鹿島谷《かしまやつ》川（仮称）F、八幡《やはた》川G、庄田川H、三大森村入会用水I、体育館

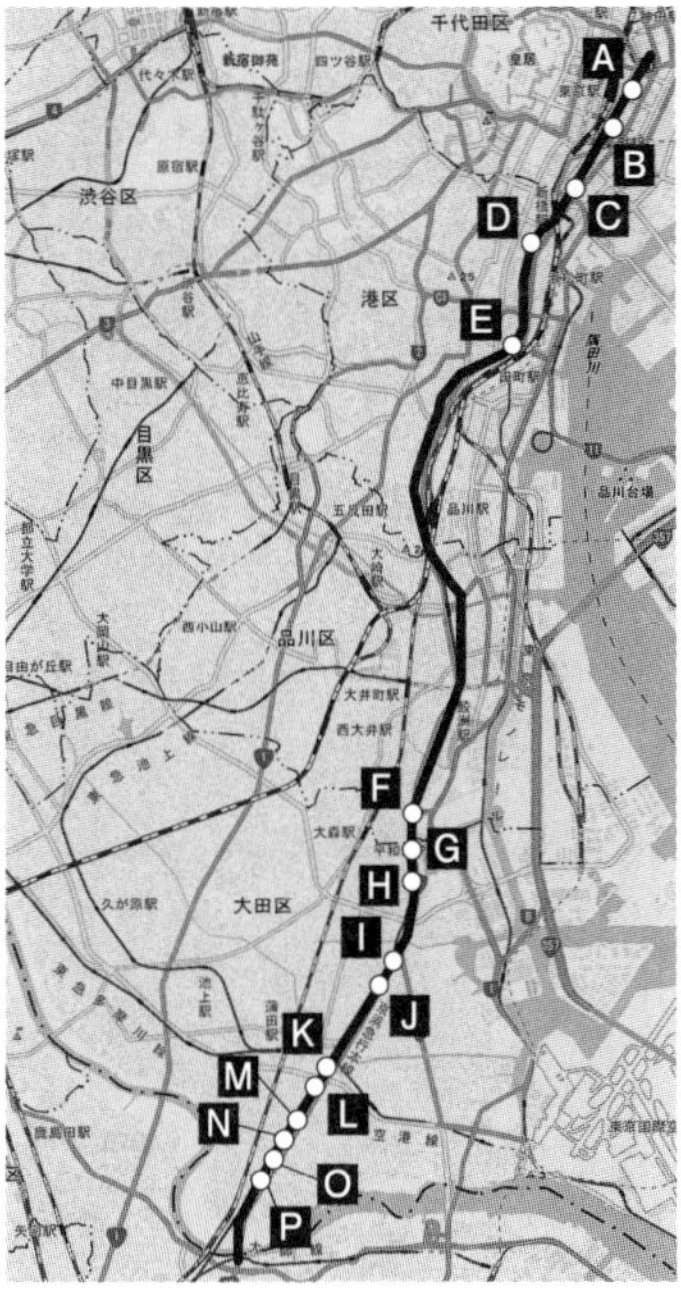

東海道　多摩川を越えるまで、合計16本の暗渠と交差している。開渠も多く、目黒川や立会川など6本が交差（地理院地図）

横用水（仮称）**J**、新宿糀谷《こうじや》用水**K**、六郷用水蒲田消防署支流（仮称）**L**、大沼堀**M**、栄木《さかえぎ》堀**N**、六郷用水ナックル支流（仮称）**O**、六郷用水日野支流**P**と13本、特に大田区だけで9本の暗渠と交わるが、点数に加算されるのは鹿島谷川（仮称）**F**での車止め3点と、庄田川**H**での車止め3点＋緑道2点のみである。

　合計を見ると、交差本数16本と四街道中最も多く、点数では序盤の大量得点が利いて26点となった。それにしても後半、大田区の無得点ぶりは、特に多摩川寄りエリアに網の目のように張り巡らされていた六郷用水の痕跡の多くが現在ほとんど消滅していることをよく物語っているようだ。

京浜急行線大森海岸駅そばの庄田川と呼ばれる暗渠。この交差には小さな緑道があり、入り口に車止めが確認できる

愉しみ方は無限に

　全体を振り返ってみると、交差本数で多かったのは東海道の16本。一方、点数でのトップは29点の甲州街道であった。しかし、厳密には数え漏らした暗渠も多々あるだろう。本数よりも「その暗渠がどれほど観測者（つまり私）にとって意味を持っているか」を大事にしたいので、ここでは点数トップの甲州街道に軍配を上げよう。

　とまあ、こんなふうに暗渠目線で街道を捉えてみたが、一連の作業はまだ「暗渠の愉しみ3要素」のうちの「たたずまい」に着目したに過ぎない。他にもまだまだ「街道と暗渠」を愉しむ方法はたくさんある。たとえば、中山道に交差する龍閑川は奥州街道・日光街道の浜町川と合流しているし、甲州街道に交差する北沢川・烏山川はやがて目黒川という開渠となって東海道に交差する。つまり、相互の「つながり」を追うこともできるし、暗渠よりずっと歴史の深い街道と絡んだ「うつろい」を掘ることもできよう。

　ぜひ、あなたなりのやり方で「街道との和解」を試みていただきたい。

	奥州・日光街道	橋跡	痕跡地名	車止め	緑道	その他	備考
	点数配分	5	4	3	2	時価	
A	浜町川		●				鞍掛橋交差点
B	鳥越川		●				須賀橋交番前交差点
C	山谷堀	●			●		吉野橋／山谷堀公園
D	思川		●				泪橋交差点
E	牛田堀北千住支流(仮)						
F	千住堀						
G	竹塚堀		●				増田橋交差点
H	保木間堀						
	計	5	16	0	2	0	点数合計 23

	中山道	橋跡	痕跡地名	車止め	緑道	その他	備考
	点数配分	5	4	3	2	時価	
A	龍閑川						
B	東大下水						
C	小石川六義園支流(仮)						
D	千川上水①						
E	千川上水②		●			●	堀割交差点／堰碑
F	北耕地川						
G	出井川	●			●		新小袋橋
H	蓮根川				●		
I	蓮根川の支流				●		
	計	5	4	0	6	5	点数合計 20

	甲州街道	橋跡	痕跡地名	車止め	緑道	その他	備考
	点数配分	5	4	3	2	時価	
A	外堀川						
B	真田濠						
C	神田上水助水堀						
D	和泉川大原笹塚支流(仮)						
E	玉川上水				●		
F	北沢川①			●			
G	北沢川②			●			
H	北沢川③			●			
I	烏山川①			●			
J	烏山川②			●			
K	烏山川③			●			
L	品川用水			●			
M	水無川			●			
N	仙川あげ堀					●	側溝
	計	0	0	24	2	3	点数合計 29

	東海道	橋跡	痕跡地名	車止め	緑道	その他	備考
	点数配分	5	4	3	2	時価	
A	紅葉川						
B	京橋川	●	●				京橋交差点
C	汐留川	●	●				新橋交差点
D	宇田川						
E	入間川						
F	鹿島谷川（仮）			●			
G	八幡川						
H	庄田川			●	●		
I	三大森村入会用水						
J	体育館横用水(仮)						
K	新宿糀谷用水						
L	六郷用水蒲田消防署支流（仮）						
M	大沼堀						
N	栄木堀						
O	六郷用水ナックル支流(仮)						
P	六郷用水日野支流（仮）						
	計	10	8	6	2	0	点数合計 26

【参考文献】

足立史談会 調査・編集『足立区（南足立郡）旧町村古道図 昭和7年9月30日現在』足立区教育委員会生涯教育部郷土博物館、1991年
大田区立郷土博物館編『大田区まちなみ・まちかど遺産／六郷用水』大田区立郷土博物館、2013年
菅原健二『川の地図辞典――江戸・東京／23区編』之潮、2007年
豊島区立郷土資料館編『千川上水展――うつりゆく流域のくらしと景観』豊島区教育委員会、1992年
六郷用水の会編『六郷用水　聞き書き』六郷用水の会、2013年

街道を流れていた水路たちのものがたり

吉村 生

街道には、水路が流れていることもある。特徴的な3カ所を、みてみよう。その地にあったものがたりとともに。

甲州街道八王子宿

『甲州道中分間延絵図《こうしゅうどうちゅうぶんけんのべえず》』をみると、八王子宿では、甲州街道の中央に水路がはしっている。しかも、途中から出現する。気になって仕方がないが、どこから来たものなのかよくわからない。水源は、御所水《ごしょみず》弁財天（八王子市台町）という説がある。古くから湧水があり、森や池があったという。行ってみると、テトリスのごとく積み上がった住宅のはざまに、小さな小さな森が今もある。涸《か》れた湧水点と思しきところから、暗渠蓋がヘビのようににょろり。奥には鬱蒼《うっそう》と木々が生え、護《まも》られるように、弁財天があった。

御所水弁財天から流れ出した御所水川の暗渠。手前から奥に向かって流れる。鳥居をくぐらずに左に折れる

『五海道其外分間延絵図並見取絵図』より、「甲州道中分間延絵図控」の横山宿あたり。街道のまん中に水路がみえる（郵政博物館所蔵）

足は、自然と暗渠蓋を追う。この水路にはどうやら名前がないようだから、仮に、御所水川と呼んでしまおうか。御所水川の暗渠は、道路の真ん中を堂々通ったかと思えば、ステーキフォルクスの駐車場の下にするりと潜る。傍らに白いヘビが祀《まつ》られていることに気づく。弁天様のお使いだ。フォルクスの先、御所水川は開渠となるが、引きつづき涸れている。雨天時、排水路として暗躍するのだろう。

と思えば暗渠となって、富士森公園の横を下り、公園に沿って角を曲がる。その先に、大久保長安邸があった。江戸幕府の基礎工事を担当し、八王子では治水工事やまちづくりをおこなった人物だ。水路は、長安邸前の堀と接続していたと考えることができる。その幅、2間余とされる。水路があったところは現在はただの道路だが、昭和50年代まで蓋暗渠が残っていた。松の湯、という暗渠サインもすぐそばにある。

そして水路はやっと甲州街道に出る。街道のまん中には井戸が点々と掘られ、その余水も水路にあわさった。考古学者のシュリーマンが滑車付きの釣《つる》瓶《べ》井戸について描写しているが、書き記したくなるほど異なる眺めだったのだろう。八王子にきたら、ここで脳内CGをオンにすると、水路と井戸たちが見えてくる……はずだ。

八王子・田町遊郭を囲う、しっとりとした暗渠。隣の建物も妓楼の名残をとどめている

甲州街道と分かれた御所水川は、うらぶれた裏道に変わる。これぞ川の跡、という雰囲気

甲州街道が直角に北上するところで、水路は街道をはなれる。そこから先の御所水川下流部は、道路を横断する蓋暗渠や、京王八王子駅に向かうさみしげなカーブ道などとなって、川らしさを取り戻し、山田川に注ぐのだった。

街道といえば、遊郭の話も。甲州街道沿いに遊郭はあったが、１８９７（明治30）年の八王子大火により焼失し、浅川沿いの田町《たまち》に新設。大門の通りに沿って18軒（軒数は時期により変動する）、１５０人ほどの娼妓がいたという。田町遊郭跡に行くと、その四方を囲んでいた水路の跡が、今でもはっきりとわかる。

暗渠を見つめていたら、近所にお住まいの男性が近づいてきた。遊郭とともに生きてきた方だった。趣味で所有していた電蓄をお女郎さんが聴きに来たり、兄さんお金貯めたよ、と通帳を見せてくれたり。売春防止法が施行され、赤線廃止となった１９５８（昭和33）年には、お女郎さんを呼んでお別れ会をした。地元に帰り結婚し、子どもも生まれて、手紙をくれた人もいる……。目の前の水路のことも、よく覚えていらした。水路脇に建つ八王子食糧はもと精麦場。その排水もあわせ、３メートル幅の

青梅街道をかつて流れていた相沢堀は、ある時期まで歩道に蓋暗渠として残っていた。これは杉並区阿佐谷南３丁目にあったもの（高円寺パル商店街振興組合提供）

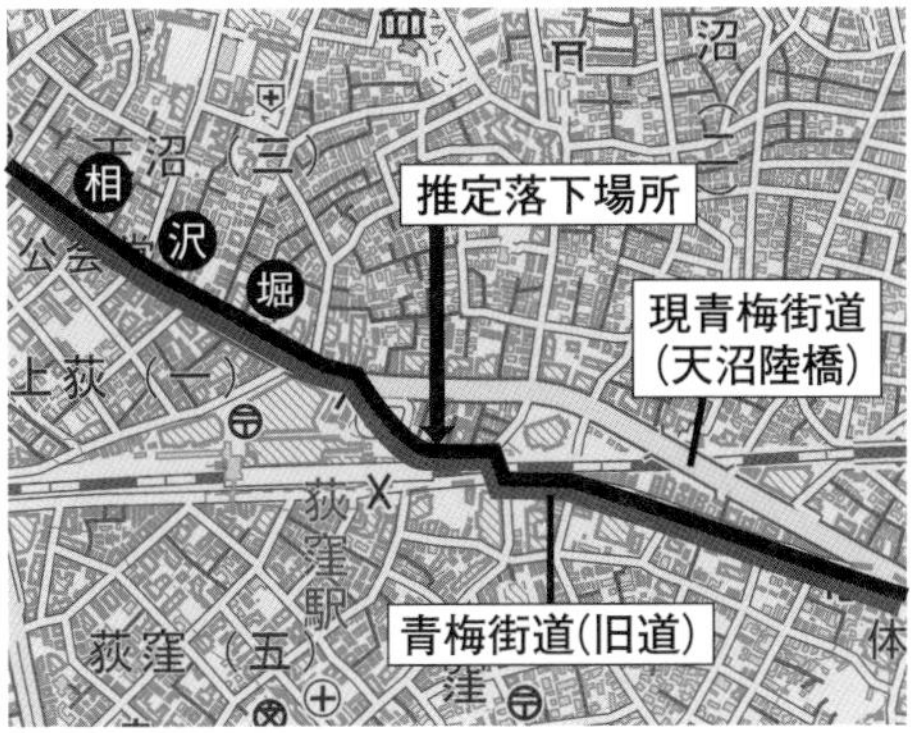

荻窪駅前の水路。青梅街道は天沼陸橋ができる前までは今より南を通っていた。水路もそれに沿う（地理院地図）

素掘りの溝を水が流れていた。汚くはなかったな、と遠い目をしてその人は語る。そんな記憶や想いもきざみこまれた、八王子・田町遊郭のお歯黒ドブの四辺を、ゆっくりと歩いた。

青梅街道荻窪付近

つぎは、青梅街道をみてみよう。荻窪駅前は、ゆるやかながら尾根になっていて、青梅街道が通っている。尾根は、水を分配するのに都合がいいため、上水が流れていることがある。荻窪駅前にも、六ヶ村分水、千川分水などと呼ばれる用水路が流れていた。ここでは、相沢堀と呼ぼう。１７０７（宝永４）年、杉並中野一帯が水不足となり、千川上水から取水することが10カ所で許可された。相沢堀はそのうち、青梅街道を流れ、阿佐ヶ谷口から分水されたもので、相沢喜兵衛氏の尽力により開削された。質のよい用水で、穫《と》れるコメも上等といわれた。幅は１・５メートルほどだった。

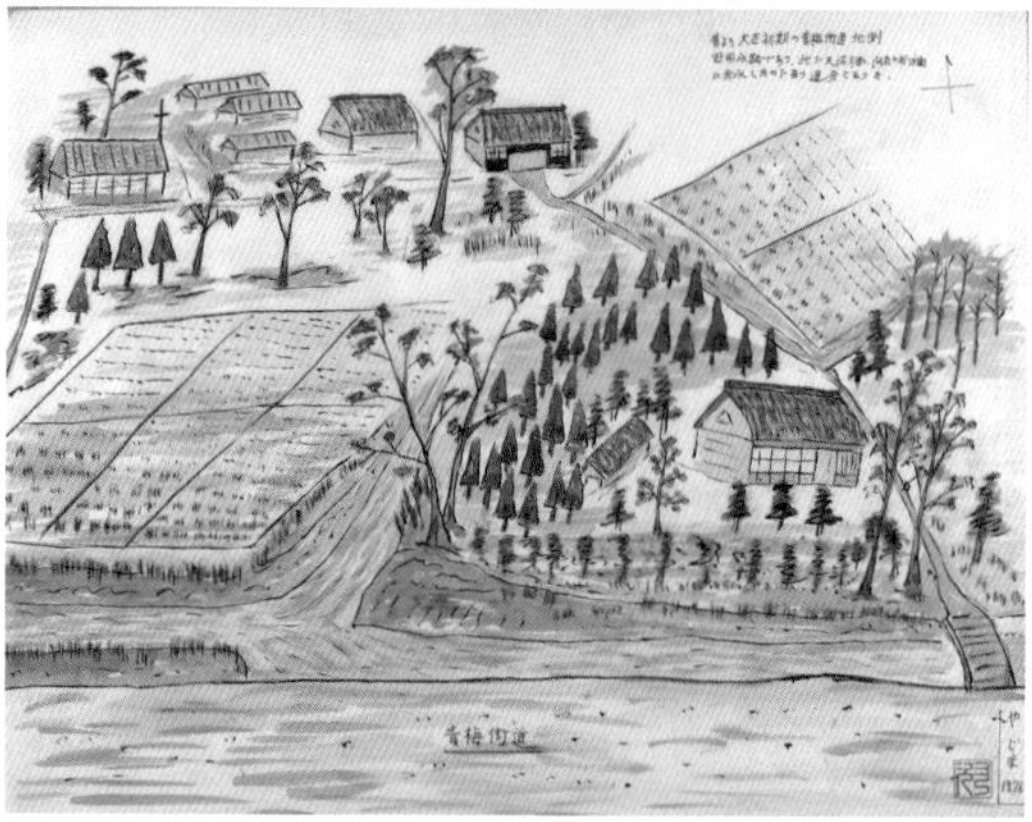

荻窪の古老、矢嶋又次氏が描いた、大正初期の青梅街道の記憶画。千川上水から取水した水路が街道脇を流れていた。奥へと分岐する水路は、桃園川へとつながる。右へと流れるのが相沢堀（杉並区立郷土博物館所蔵）

この相沢堀が、井伏鱒二『荻窪風土記』に登場する。１９３６（昭和11）年5月頃、井伏と出版社大雅堂の佐藤年男が、徳川夢声宅の先にある釣具屋に入ろうとしたところから、悲劇は始まる。

「溝板《どぶいた》が一枚、弾ね返ったことがわかった。オハグロドブそっくりの溝は、どんなに不潔なものかということが暴露した」

佐藤氏がドブに落ちたのだ。そして、強烈な悪臭を放っていた。なんとかしようと踏切を渡って南口に新しくできたレストランに行き、パンツ一丁になって、バケツの水で体を流してもらう。それでも手足にしみこんでいたのか、翌日までもくさかった、と佐藤氏がのちに言っている。

そんなドブが、荻窪駅前の青梅街道に存在していた。汚れた時期については諸説あり、１９３６（昭和11）年頃だったらまだきれいだったのではないか、と言う古老もいる。井伏氏に尋ねることはもう叶わないから、残された資料を眺めるしかない。実際、荻窪駅前よりも上流側にはなるが、八丁あたりや、分流した教会通り付近の水路は、昭和の初めであれば、清流であったという。青梅街道に沿う家に住む人びとは、この水路の水を使って洗顔や歯

『五海道其外分間延絵図並見取図絵』より「東海道分間延絵図控」第 1 巻に描かれる品川宿。目黒川を境に、北品川宿（右側）と南品川宿（左側）に分けられる。街道を横切る下水、悪水、河川も描かれている（郵政博物館所蔵）

磨きをした。魚も泳いでいた。くらしのすぐそばに、水路はあった。

青梅街道荻窪周辺を流れる水路もまた、江戸時代に人工的に引かれたものであった。しかし甲州街道八王子宿とは、様子が異なっている。八王子では苦心してあつめた水が街道の中央を流れていたのに対し、荻窪では分配するための水がなみなみと街道の端を流れていた。

東海道品川宿

東海道品川宿は、海際にある。上水が沿って流れるような地形ではない。品川宿の水路はまた独特なもので、絵図を参照すると、ここにある水路はすべて、街道と直交していた。主に下水、生活排水もしくは水はけのための排水（悪水）路である。しかも、当時すでに暗渠の状態である。北品川と新馬場の間にある排水路は、「歩行《かち》新宿一・二丁目境下水吐石埋樋《いしうめとい》」と、「北品川宿二丁目内石埋樋」であった。石埋樋、すなわち、石の樋が地中に埋められていた。そしてこれらの排水路は、行政区画の境界でもあっ

上／品川区南品川 1-7 に残存する江戸時代の湾岸線跡の石積みに、悪水路の出口がある。品川宿にあった水路の、たしかな痕跡だ
下／「東海道分間延絵図控」の同じ場所を見ると、南品川宿二・三丁目境石橋とあり、水の流れが描かれている（郵政博物館所蔵）

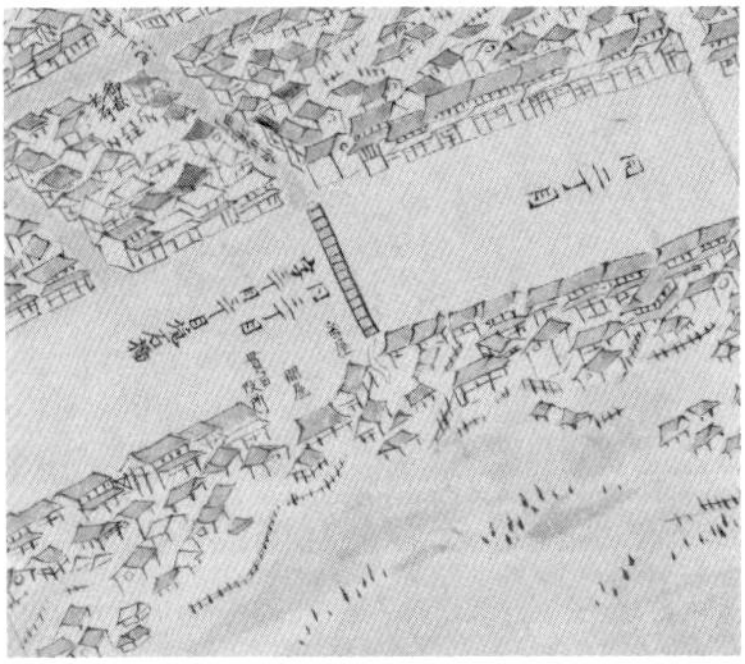

た。東海道と交差する位置では樋の上に石橋がかけられ、海を目指し流れ下る。絵図に示された位置に行ってみたが、残念ながら、現在の地上から痕跡を見つけることはできなかった。

しかし、かつての海岸線に行ってみれば、石埋樋の出口を見ることができる。「南品川宿二・三丁目境石橋」もまた、東海道を横切る悪水路である。横切った後は、石垣下方の吐口《はきぐち》から流れ出していた。その位置に、今も吐口がある。

以前はそこに、海の水が打ち寄せていた。そして、石垣にいくつも設けられた排水口から、生活排水が流れ出していた。排水といっても、江戸時代は水洗トイレもなければ化学洗剤もなく、すきとおった雑排水が、ちょろちょろと流れ出していたにすぎない。むしろ有機物が含まれ、吐口の周囲には魚が集まってきていたかもしれない。さらにその魚を捕まえようと、子どもたちが群がっていたかもしれない。水路の想像とともに妄想がひろがってゆく。

品川宿一帯は、大規模な掘り返し工事が行われておらず、現在も遺構が地中に埋まっている可能性が高い、という。石埋樋が今もあるのならば、ドーナツのように、空洞にこそ江戸の記憶が詰まっている……などと考えるのは、夢の見すぎだろうか。

井戸付きの用水が道の真ん中を走った、甲州街道八王子宿。村々に分配する農業用水路が脇に沿った、尾根の青梅街道荻窪付近。排水路が街道を横切り、海にドボンの東海道品川宿。地形や地質の影響により、「街道を流れる水路」のありよう、そこにあるものがたりはさまざまだ。

【主要参考文献】
高円寺パル史誌編集委員会編『高円寺——村から街へ』高円寺南商店街振興組合、１９９２年
品川区立品川歴史館編『平成27年度品川区立品川歴史館開館30周年記念特別展　東海道品川宿』２０１５年
矢嶋又次画、杉並区立郷土博物館分館編『平成23年度杉並区立郷土博物館分館企画展　荻窪の古老矢嶋又次が遺した「記憶画」』杉並区立郷土博物館分館、２０１２年

青森、北国の水路と生命力

【青森県青森市】

吉村 生

八甲田山に降った雨は、青森市内の各水路の源となる。はるばる流れてきた農業用水が、市内を縦横に駆けぬけてゆく。1958（昭和33）年の地図を見ると縦に2本の今はなき水路がはしっているが、地元の人いわく、もっと水路はあったそうだ。

北国における水路と人びととのつきあい方には、北国らしさが表れている。なんといっても、雪の存在は大きい。冬場、雪かきにより切り出された雪は、農閑期の水路に放り込まれる。冬が終われば、雪が解ける。すると、山から雪解け水が流れてくる。その雪解け水の量が多すぎると、水路から溢《あふ》れ出てしまう。雪解け水が溢れることを青森弁では、「イガル」というのだそうだ。春の幕開けは、イガルことから。そこにいる魚もしばしば溢れる。ある人は、家にある蚊帳を持ち出し、溢れたナマズをすくった。イガッたときに、お米屋さんがおにぎりを町内に配ってくれた。これらのエピソードには、フキノトウのような生命力とあたたかみを感じる。積雪と寒風をしばらく耐えれば、春が来る。溢水《いっすい》は迷惑かもしれないが、水やナマズが溢れるさまを見ながら人びとは春を感じ、困りながらも前向きな災いとして対処したのだろうか。イガッた先には、暖かな季節が待っている。

もうひとつ、青森市の独特なありようとして、「毒水」との闘いの歴史がある。もともと、青森がまちとして誕生したとき、青森の田は「下の下」であると評されていた。冷害と毒水により生産性が低く、灌漑《かんがい》用水の便も悪いためだ。毒水とは、八甲田山からやってくる遊離硫酸を含む水のことをさす。市内を流れる駒込川がその酸性水を含み、農業用水には使えない。そこで、金沢堰（青森では水路のことを「堰」という）や八甲通りの堰など、市内の用水路は毒水を避

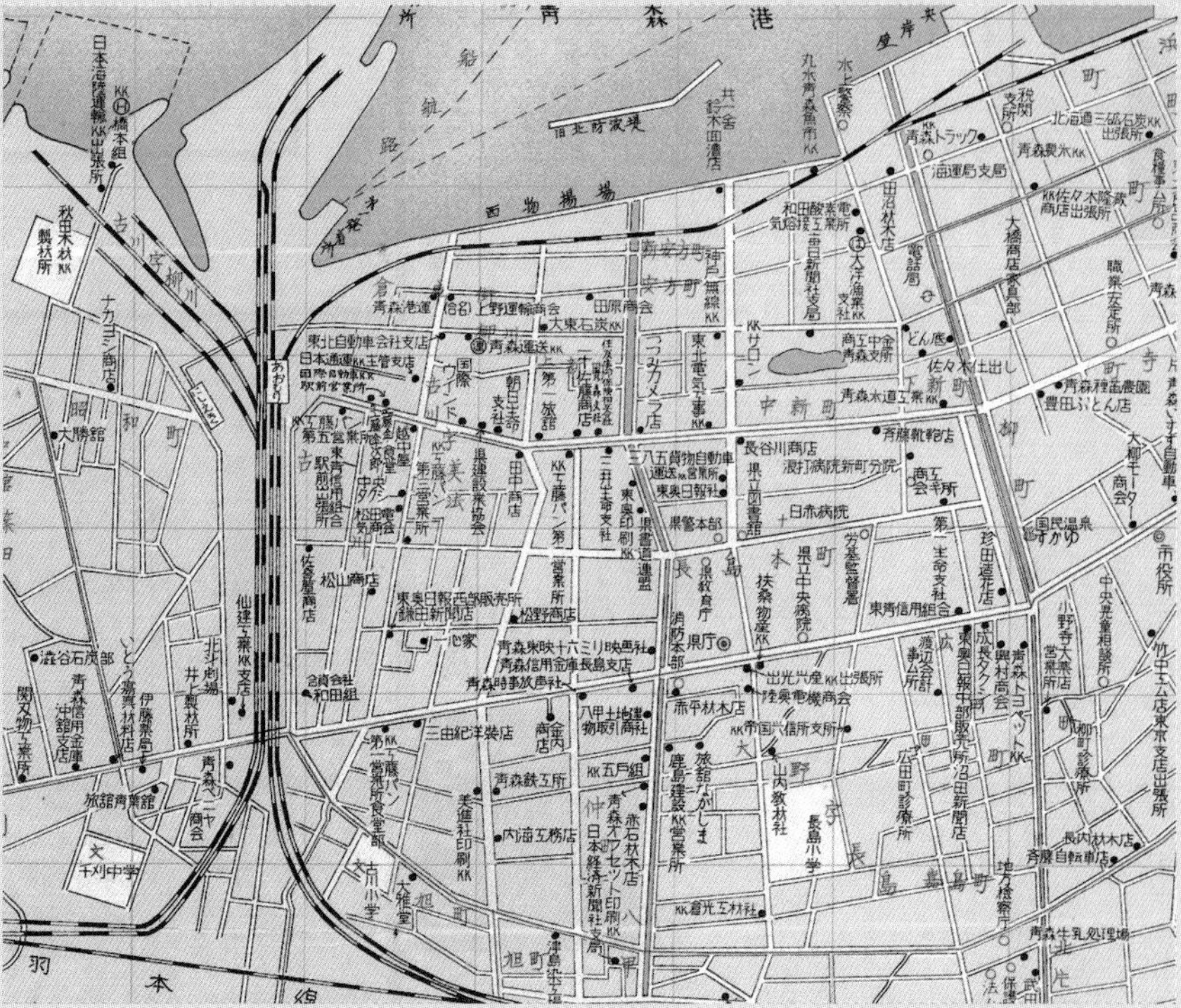

1958年青森市内地図（発行所 株式会社東京交通社、著作権発行人 根元弘）。今はなき２本の水路が描き込まれている。東側が柳町を流れる堰、西側が八甲通りの堰だ

県庁西側の八甲通りにあった堰が写り込んでいる写真。1968～70年に暗渠化された。この水路の上にねぶた小屋があった時代もあるという（青森まちかど歴史の庵「奏海―かなみ―」の会提供）

1964年の八甲通りの写真。人混みなどでわかりにくいが、堰の上にねぶた小屋が載っている。珍しい、ねぶた小屋蓋による一時的暗渠、ということになる（藤巻健二氏提供）

けて取水された。進藤堰、藤兵衛堰や萬太郎堰、武兵衛堰など、開削者の名が冠される水路がいくつもあることは、多くの人が尽力したことをものがたる。毒水そのものに対しては、昭和のはじめまで打つ手はなかった。排水工事の完了後、不幸にも地殻変動があり、堤川（地元では古くは荒川と呼ばれた）水系にまで毒水が混入するようになってしまう。１９５３（昭和28）年以降は上流にて対策を行うが、地震で設備が壊れるなど紆余曲折あり、１９８５（昭和60）年以降、地下に浸透させる方法で対処しているそうだ。

長く、しぶとい闘いであったろう。青森の人たちの根底に流れるものと、水路の歴史を重ねて思う。おだやかさの底に、大地に根を張って闘い抜ける、強さがある。

苦労の果てに、市内には縦横無尽に水路がはしるまでになった。ここまで書いてきたような青森の水路たちは、特に中心部では、現在そのほとんどが地下に潜っている。八甲通りは、道路の真ん中に駐車場があるなど、まだわかりやすいほうかもしれない。八甲通りの堰は下流に

柳町通りの地下に潜っている流れが、少しだけ顔を見せるところ。ゴウゴウと力強く流れている

1940 年頃の柳町通り。左側に堰がはっきりと写っている。青森市ではこうやって堰に雪や氷を投入し、海へと流していた（柿崎貞蔵氏撮影、柿崎貞子氏提供）

行くほど痕跡が減るが、かつてはアスパム（青森県観光物産館）のところに河口があって、釣り人がたむろしていたという。１９５５（昭和30）年頃までは、アユが上がってきていたそうだ。

柳町通りには現在も一部、堰が顔を出す箇所がある。とはいえ、頑丈な鉄格子をかけられ、橋も〝トマソン〟化し、近づきがたさを醸し出す。けれどこの水路も、長らく市民に身近な存在であったのだ。柳町通りの街角を撮った写真には、意図せずとも、この堰がしばしば写り込んでいる。

他は、現在の路上ではあまりにも痕跡なき青森市内の水路たち。今はもう、イガルことはなさそうだ。青森市を訪れた際、暗渠の話をすると、「たしかに、それらの通りを長靴で歩いた覚えがある」と、思い出した方がいらした。青森市と水路の縁は、暗渠化とともにすっかり地下に潜ってしまったが、人びとの意識の中に、わずかに顔を出すこともある。ふと、春に顔を出す新芽のようだ、と思った。

わたしにも、東北人の血が濃く流れている。津軽三味線を聴くと、その血がにわかにたぎり出す。寡黙ではあるけれど本当は秘めているものがある、と、その血は言う。青森の暗渠にも、通ずるものがあるのだろう。表には見えづらくとも、その地中には労苦と慈愛に満ちた歴史が隠されている。

【参考文献】
小沼幹止編著『青森市の歴史散歩』よしのや本間書店、１９８４年
『やぶなべ会報』22号、２００７年
『やぶなべ会報』23号、２００８年

本稿を書くにあたり、奏海の会の相馬信吉さん、室谷洋司さんに大変お世話になりました。記して感謝します。

鉄道と暗渠は、
遠い親戚かもしれない。

第2章
鉄道と暗渠

貨物線、その暗渠的なるもの

髙山英男

秘密のネットワークとしての貨物線

貨物線が好きだ。

鉄道のうち、普段我々が利用するのは「旅客線」と呼ばれる路線である。そこに乗り入れる形で貨物輸送を目的とした貨物列車が走っているのだが、ところによっては旅客の輸送を想定していない、つまり貨物列車ばかりが走る路線がある。それをここでは「貨物線」と呼ぼう。

なぜ自分がその貨物線が好きなのかと考えてみると、一番の理由は「秘密のネットワーク」であるから、だと思う。実際は『貨物時刻表』なるものまで売られていて秘密でもなんでもないのだが、少なくとも我々の日常の移動手段ではない、だからこそ普段ほとんど気にしない、つまり

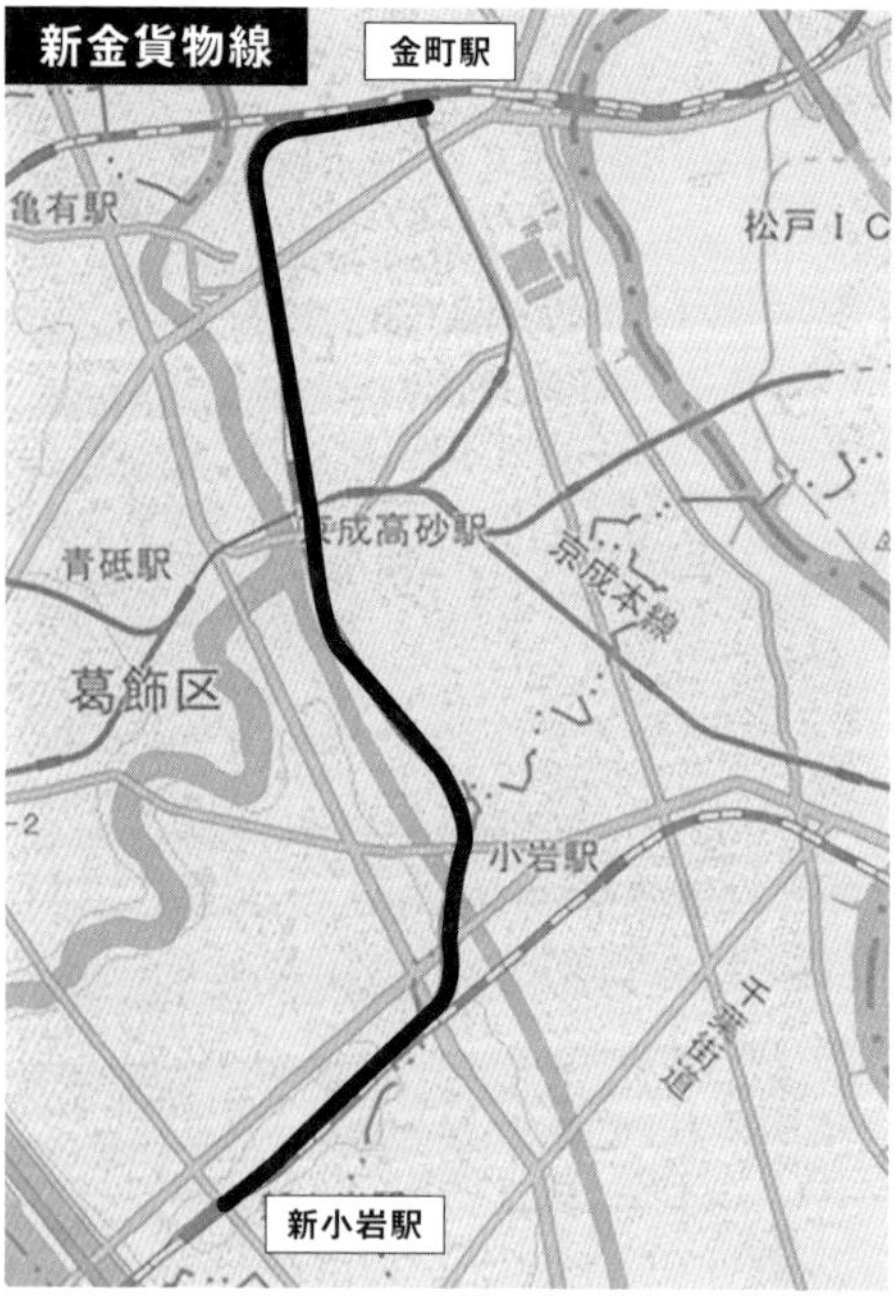

例えば葛飾区の新金貨物線（新金線）。新小岩から金町まで、こんなふうに貨物線が通っていることをどれだけの人が知っているだろう（地理院地図）

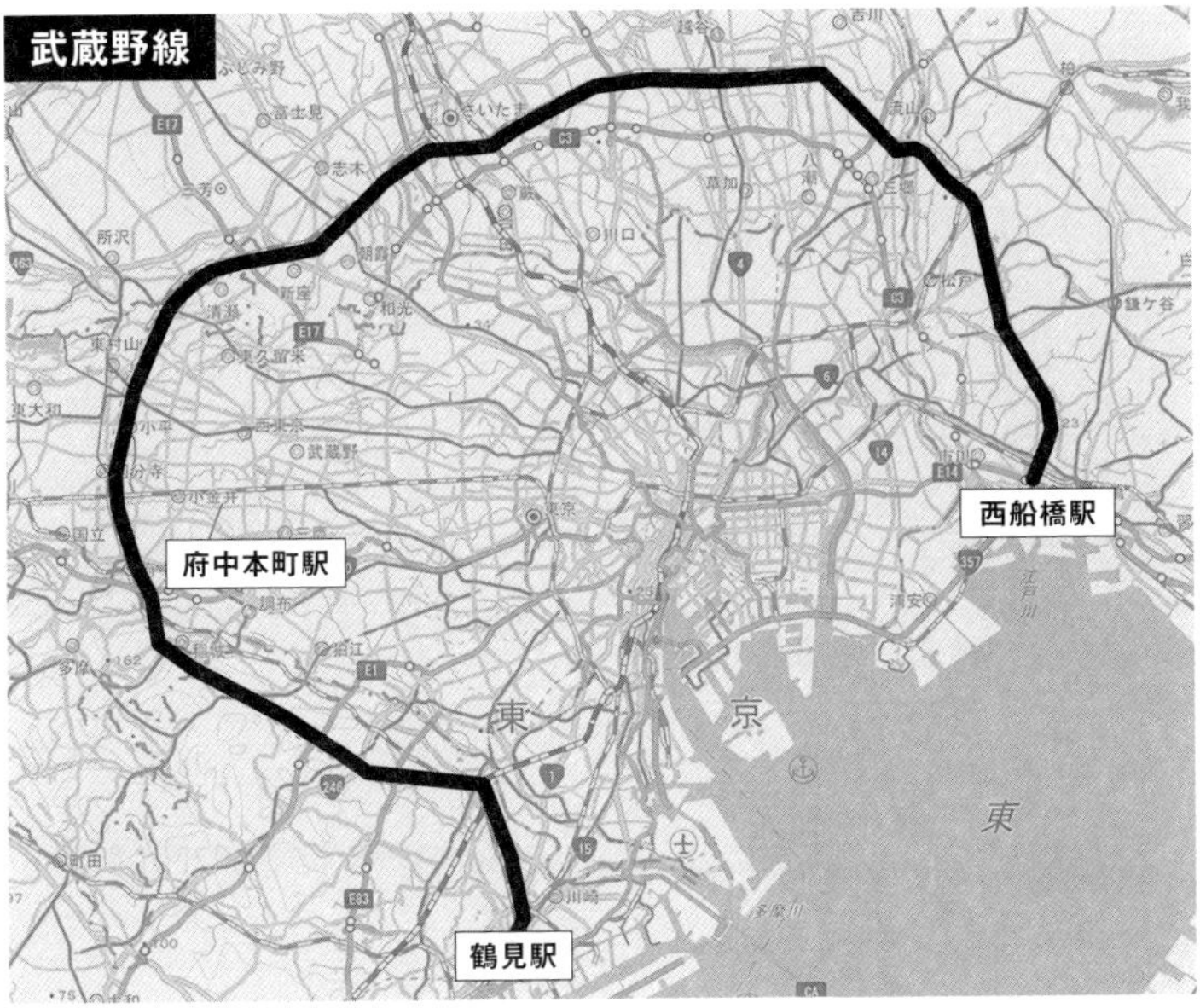

東京都心をぐるりと囲む武蔵野線。府中本町から鶴見までは基本的に旅客ではなく貨物の専用線だ（地理院地図）

我々の脳内地図にあまり載っかってくることのない路線であることは間違いなかろう。

しかし、その存在が気になるようになって地図を追ってみると、見えなかった（見ようとしていなかった）貨物線のネットワークが浮かび上がってくる。そのときの興奮は、暗渠の「つながり（経路）」が見えてきたときのあの愉しさとすごく似ているのだ。そう、貨物線はたいへんに暗渠的なのだ。

さらにその貨物線ネットワークが、地下を通っていたりすれば、流れるものが水でなくて列車だという違いはあるものの、もう物理的にも立派に「暗渠」である。

武蔵野南線、そのせせらぎを聴け

そんな「暗渠としての貨物線」の代表格である武蔵野南線（武蔵野貨物線）を巡ってみよう。

都心をぐるりと囲むように神奈川県の鶴見駅から千葉県の西船橋駅をつなぐのがＪＲ武蔵野線だが、そのうち鶴見駅から東京都の府中本町駅間は、武蔵野南線と呼ばれる貨物専用の路線だ。この武蔵野南線は地図上で測ると全長およそ30キロとなるが、なんとその6割方は地下を走っている。ただでさえ旅客を乗せない「秘密」経路であるのに、その半分以上が地下を伝うステルス路線となれば、もう充分に暗渠的だ。地図を見ているだけでくらくらする。

武蔵野南線を府中本町から鶴見方面に追っていくと、多摩川を越えてすぐ、ＪＲ南武線南多摩駅付近でさっそく赤土の露頭鮮やかな山中のトンネルへと消えてしまう。ここは第二稲城トンネルと呼ばれるトンネルで、稲城市立病院の下あたりをかすめ、東京都道・神奈川県道19号町田調布線が横切る谷地でぽっかりと、一瞬だけ開渠のごとくその姿を現すことになる。この姿がなんとも神々しいというのか禍々しいというべきなのか、長閑《のどか》な谷にばっくりと口を開ける大蛇のようなビジュアルだ。そのわずか１００メートルほど先で再び向かいの斜面に吸い込まれていく。

眼下から素早く隠れたと思いきや、今度は頭上に現れる。稲城市百村《もむら》の丘に潜った線路は、川崎市麻生区方面か

稲城市向陽台２丁目、竪谷戸大橋から望む貨物線の露出口。太古の巨大建造物に感じる畏れのような気持ちがわきあがる眺め

露出口の対岸は稲城市百村。鉄塔の奥の緑萌える穴に吸い込まれていく貨物線。その行く先のミステリアスさよ

ひと山越えると眼下の貨物線は頭上に。見上げる高架は大蛇の腹のようだ

ら多摩川へと向かう三沢川が削った低地を高架で越えていくのだ。

その後、短い距離で地下・地上とくるくる変わるが、いよいよよみうりランドを頂く高い丘にしばらく姿をくらますことになる。生田トンネルだ。ここから川崎市多摩区内の小田急線生田駅や、明治大学生田キャンパス、宮前区内の東名高速道路料金所、東急田園都市線宮崎台駅付近の地下深くを貫いて、ようやく地上に現れるまで約10キロの長い長い潜伏活動に入るのだ。私自身も学生の時分にこの丘の上をずいぶんとうろうろしたものだが、まさか足元に線路が通っていたとはついぞ知らずにいた。この辺りに多少の縁がある人々であっても、地中深くに貨物列車が行き来していることなど知らないだろうし、気に留めたこともないのではないか。

しかし、この生田の丘に住む会社の同僚から、こんな話を聞いた。

「夜寝てるとね、たまに枕の下から遠く音が聞こえてくるんですよ。ゴトンゴトンって」

彼の家のあたりの土被り《どかぶ》（地表面からトンネル上端までの深さ）は概ね40メートルだ。ビルでいえば地下10階よりもさらに深い、漆黒の地下から届く貨物列車の鼓動。それはまるで暗渠で聴く、川であった頃の尊厳を訴える下水のせせらぎである。

巨大暗渠蓋としての梶ヶ谷貨物ターミナル駅

生田トンネルを出たところが、武蔵野南線府中本町─鶴見間での唯一の駅、梶ヶ谷貨物ターミナル駅だ。もちろん旅客のためのプラットホームなどはなく、広大な土地に何本もの線路の分岐が機能的にレイアウトされている、日常生活で我々が使う駅とはまったく違った別世界である。そこが、いい。

私が生まれ育った家のそばにも、宇都宮貨物ターミナル駅があった。そこも私が知っている「駅」とはまるで違っていたし、昼夜通して人の気配が希薄で、いつも誘導音のような無機質な音が幽かに流れ、たまに貨車が連結する音がスネアドラムのように遠くで鳴っていた。それが私の貨物ターミナル原体験だ。そこは世界の果ての寂寥の地のようでもあり、自分の街に自分だけが知っている秘密の場所ができたような気持ちにもなった。それが心地よくて、中学・高校時代は暇をみてはそばまで近寄って眺めていたものだ。今考えると、それは街なかに静かに佇《たたず》む暗渠に相対するときの気持ちと通じるものがある。

いずれにしても、しっかり存在しているのに日常生活では見えてこないステルス感、そしてそれに気づいた時の新しい世界の広がり感が、貨物ターミナル駅や貨物線そのものと暗渠の共通点であることは間違いない。

おまけに、ここ梶ヶ谷貨物ターミナル駅は矢上川という川の上に建設されており、実質的に矢上川の「蓋」となっ

上／川崎市宮前区の梶ヶ谷貨物ターミナル駅。隣接するホームセンターは撮影のおススメポイント
下／横を高架で通過する東北新幹線の車窓から眺める宇都宮貨物ターミナル駅。1971 年、日本で初めての貨物ターミナル駅として誕生した

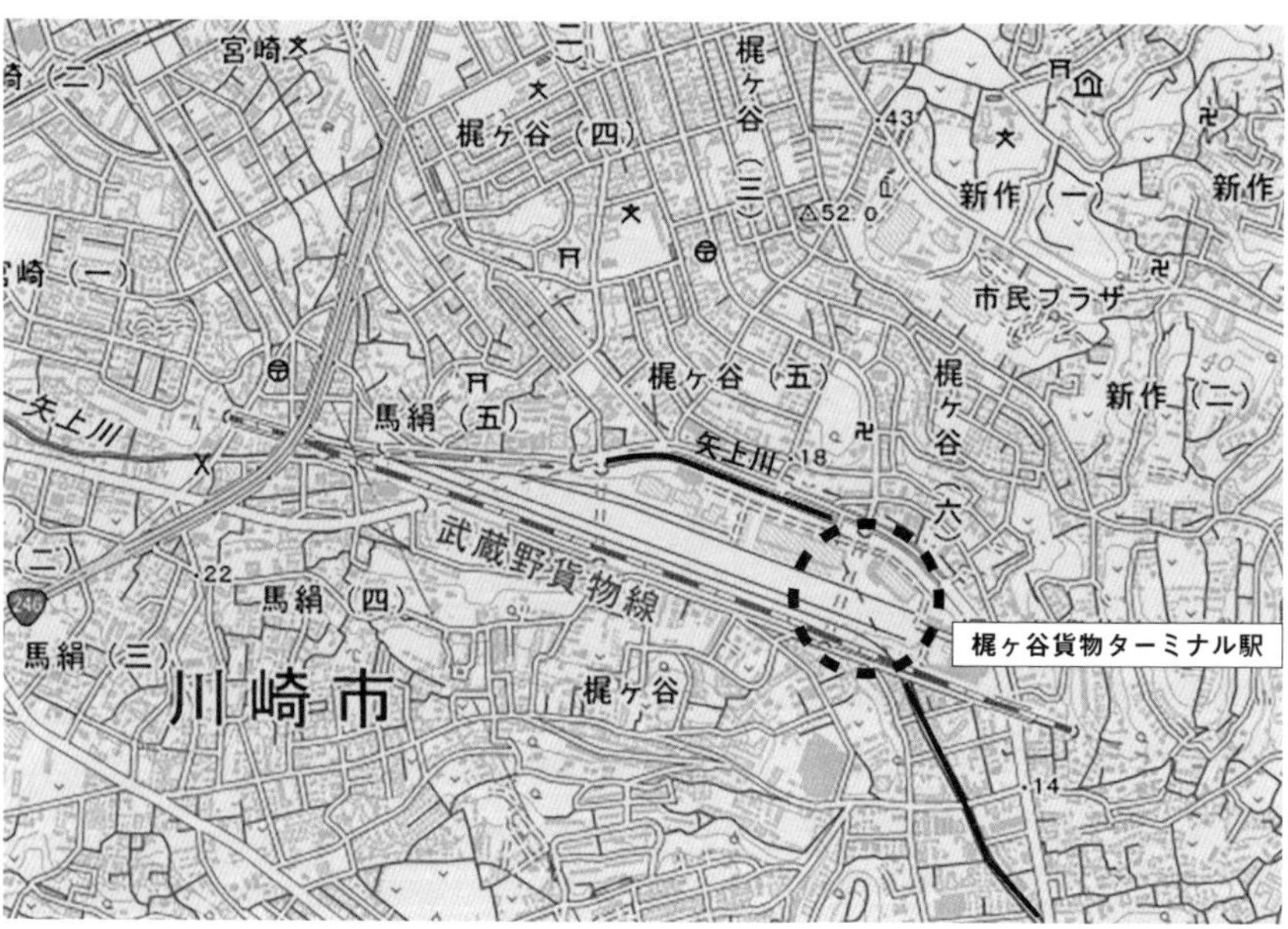

矢上川は梶ヶ谷貨物ターミナル駅の地下を貫いて流れていく。すなわちターミナルは巨大な暗渠蓋である
（地理院地図）

川崎市中原区市ノ坪にかかる跨線橋から鶴見方面を見た景色。武蔵野南線は右側のコンクリートの蓋の向こうから地上に出現してくる

ている。すなわちここは貨物ターミナル駅でありながら、矢上川の「蓋暗渠」でもあるのだ。いろいろな蓋暗渠を見てきたが、こんなスケールの大きい蓋には出会ったことがない。

この駅を過ぎれば貨物線はまた地下に。小杉トンネルと呼ばれるこの地下路線は、第三京浜道路を越えて宮前区から中原区へとほぼ真東に進み、JR南武線武蔵小杉駅にかかるところで方角を変え、JR横須賀線の線路に並行して南下していく途中で地上に姿を現すのだ。以降は横須賀線と並んで鶴見駅まで地上を走ることになる。

貨物と暗渠、そのリアルなつながり

実は貨物線、特に貨物ターミナル駅は直接暗渠と絡んでいるケースも多い。その接点は舟運《しゅううん》だ。高山禮蔵氏による「梅田貨物駅の移り変わり」と題された記事にはこう書かれている。

「少数の駅を除いていずれの駅も河川、運河、堀割に面し、水陸連絡が可能であった。取扱駅と荷主、荷受人間の小輸送が未発達で、河川による艀《はしけ》や荷扱舟による運搬を取り入れているのが特筆される」

（『鉄道ピクトリアル』2013年7月号）

それがどんな変遷をたどったのか。東西の代表的な例を見ていこう。

まずは西から。近代化黎明期から関西の物流を支え、2013（平成25）年にその役割を終えたJR貨物梅田駅。1877（明治10）年、近くを流れる堂島川からこの駅の前身である大阪駅貨物取扱所に堀が通じ、このときに往年の梅田駅の原型ができたという。この堀は、堂島川から駅構内手前までが堂島堀割、構内が梅田入堀と呼ばれた。

その後1928（昭和3）年に梅田貨物駅が開業。堀を活用し舟運と陸運の接点として長く活躍したが、1959（昭和34）年には構内の堀の一部が埋められ、ついに1962（昭和37）年にはすべての船溜まりが閉鎖。構内

隅田川駅。かつてはたくさんの船渠があったが、舟運の衰退とコンテナ輸送の興隆によってすべては埋められた（東京時層地図）

のすべての水路は暗渠となり（消滅し）、水路と貨物線の縁もここで絶たれることとなる。

一方の東は、いまなお現役であるＪＲ貨物隅田川駅に着目。隅田川駅は１８９６（明治29）年に、舟運との連携を目指して隅田川の右岸に開業した貨物駅だ。１９２８（昭和３）年には活況を背景に水路を第３船渠まで拡張していたが、１９６８（昭和43）年にはすべて埋め立てられ消滅している。このほか、やはりもともと水陸連携の貨物駅として栄えたＪＲ秋葉原駅も、神田川から堀を引き入れていたが、昭和30年代に暗渠化され今では駅前広場に「佐久間橋」の親柱が残るのみである。このように、実際に暗渠と

上／線路の向こうに広がる空き地がＪＲ貨物梅田駅跡地（2019年6月時点）
下／秋葉原駅前広場に残る「佐久間橋」の親柱。ちょっと窪んだ周辺がかつての水路を思わせる

浅からぬ縁があるのが貨物線、なのだ。

これら貨物駅から水が消滅したのは、高度経済成長期である昭和30年代以降だ。この時期は、舟運の主力商品であった石炭や木材の扱い量が激減、その一方でコンテナによる一般貨物が激増した時期である。そのコンテナをトラックが扱うようになり、それに鉄道貨物も対応を余儀なくされたことが背景となって、貨物線と水の関係が遠くなり、逆に暗渠との縁が深くなっていった、というわけだ。

貨物と暗渠をつなぐ、赤い色した憎いヤツ

隅田川駅に行った時に「金太郎」に会った。金太郎とは、真っ赤な車体とその超ハイパワーから付けられた、貨車を引っ張るＥＨ５００形という型式の機関車の愛称だ。おそらく鉄の世界では英雄扱いなのであろう。一方、暗渠マニアの間で「金太郎」といえば、東京都杉並区の暗渠でしか見ることができない「金太郎車止め」をさす。こちらも年々個体が減ってはいるが、暗渠界でのヒーローだ。図らずも貨物ターミナルで彼を見かけた瞬間、私はいま暗渠にいるのかも、と心地よい錯覚を覚えた。

上／貨物界の金太郎こと「ECO-POWER 金太郎」
下／暗渠界の金太郎。杉並区の暗渠56カ所でしか見られない車止め

【参考文献】
伊藤純、橋爪節也、船越幹央、八木滋『大阪の橋ものがたり』創元社、２０１０年
『貨物列車をゆく――“乗れない乗り物”の秘密にとことん迫る!!』イカロス出版、２０１４年
川島令三編著『【図説】日本の鉄道　中部ライン――全線・全駅・全配線　第2巻（三鷹駅―八王子エリア）』講談社、２０１０年
坪田賢治、鹿島秀男、別井仁、長谷川孝「鉄道（地下式貨物線）の騒音・振動の調査結果」（『騒音制御』１９８１年5巻1号）
『鉄道ピクトリアル』１９９７年3月号、２０１３年7月号、電気車研究会
日本貨物鉄道株式会社貨物鉄道百三十年史編纂委員会編『貨物鉄道百三十年史』
日本貨物鉄道、２００７年
日本鉄道旅行地図帳編集部編『日本鉄道旅行地図帳　4号』新潮社、２００８年
ＰＨＰ研究所編『貨物列車のひみつ』ＰＨＰ研究所、２０１３年
三好好三、垣本泰宏『武蔵野線まるごと探見――身近な路線の身近なトリビア』ＪＴＢパブリッシング、２０１０年

互いに影響しあう、中央線と桃園川

吉村　生

桃園川と中央線の関係

桃園川。かつて杉並と中野を流れていた川のこと。荻窪からはじまり、阿佐ヶ谷で一度北にふくらむが、南下して中央線と交差、ゆるやかに線路を離れ、蛇行しながら神田川に向かう。なんだか、中央線の周辺をウロウロしているように見える。けれど中央線の生まれるずっと前から、桃園川はこの地を流れていた。だから、桃園川は中央線にとって姉のようなものなのではないか、と思うことがある。

この姉は、どんなふうに弟とかかわるのだろう。新宿から中央線に乗り、桃園川を探し目を凝らす。川らしき凹みが車内からうかがえるのは、高円寺を過ぎたあたりからである。

水源はもう少し西のほう。荻窪は天沼《あまぬま》にかつて、その源があった。田んぼの増加や湧水

桃園川本流高円寺近辺にいる、名物河童。日々近所の方が着せ替えをしてくれる、愛され河童

量の減少のため、千川上水や善福寺川といった他の水路からの支援も受けていたが、もともとは天沼弁天池（残念ながら現在湧水は枯渇）から流れ出すものであった。灌漑《かんがい》用水路であった頃の桃園川は、子どもが泳ぎ、フナやクチボソが棲み、ホタルも見ることができた。レンゲにモモの木、麦に稲。きらきらとした田舎が、この地にあった。

しかしながら天沼弁天池も、流れ出す川も、いまやずいぶんとその姿を変えている。さらにまた少しずつ、街は新しくなる。ところが我は川であったという自負なのか、その名残はどうも、街に完全には溶け込めぬまま点在し続けている。

水源から少しばかり下ると、阿佐ヶ谷暗渠迷路、と勝手に呼んでいる地帯がある。天沼、それからＪＲ高架下以降の下流では、桃園川本流は遊歩道として整備されているのだが、どういうわけか、阿佐谷北１丁目だけがアスファルトの車道なのだ。それが鮮やかに蛇行し、数個の支流と絡まりあって、抜け出すことのできない迷路のようになっている。この場所の桃園川は、改修前の明治・大正期の形状をそのまま保っているのだった。

変わらぬもの、変わるもの。桃園川の変化に着目してみる。桃園川の歴史をみる際、「変化」というと、関東大震災後の住民増による改修、それから高度経済成長期の暗渠化が代表的である。しかし、中央線の登場もまた、この川に影響を与えていたのだった。その変化を追いながら、荻窪―中野をウロウロするとしよう。

中央線が変えた地形

中央線の前身は、1889（明治22）年に開通した甲武鉄道だ。のちに国有化され、中央線と名乗る。現在の位置に通された理由は諸説あるが、雑木林ばかりであったことも含め、敷設しやすい場所であったと推測される。今回の舞台のうち、最初から駅があったのは中野だけで、荻窪は1891（明治24）年、高円寺と阿佐ケ谷は出遅れ1922（大正11）年に開業。開業にともない、駅を取り巻く景色は一変する。

たとえば阿佐ヶ谷周辺は、用水路に小魚が泳ぐ水田地帯だった。そこに盛土をして駅がつくられた。もちろんすでに線路は存在しており、古老の回想画には、一面の田んぼと水路の中を蒸気機関車が走るという、長閑《のどか》すぎる風景が描かれている。現在阿佐ケ谷駅舎は高い位置にあるが、これは汗水たらして大地を固めた成果なのかもしれない。

いっぽう高円寺駅は対照的で、周辺の台地を削ってつくられている。パル商店街、および長仙寺西の道は、雑木林を削ってこしらえた切通しの道だった。そしてその土で桃園川

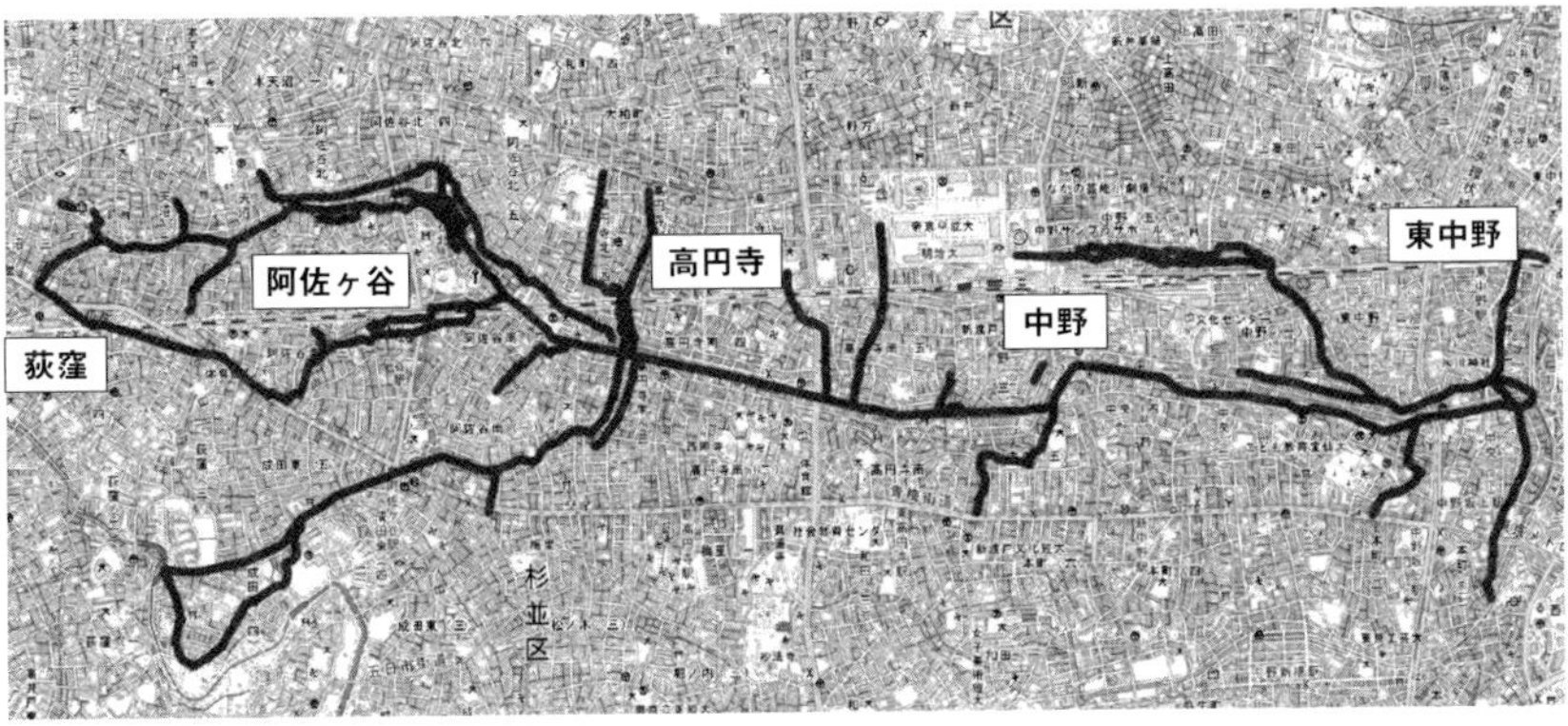

桃園川流路全体図。支流もふくめて中央線の周辺を流れていることがわかる（地理院地図）

周辺の水田が埋められ、宅地化が促進された。

中野駅はすでにあったが、昭和の初めに大規模改変が行われている。陸軍が移転し、震災による移住者もあり利用客が増えてきた頃だ。当時はまだ南口しかなかったため、南北に渡る陸橋をつくろうとしたところ、地元商店街の大反対に遭い、線路の下を潜ることにした。これが、現在の中野駅のガード下である。当時、中野駅前の地面の高さは、今のホームの高さと同じであった。そのため南北をつなぐ道路は「下を潜った」のだ。主要道路が商店街の数メートル下にできてしまったとき、中野の人びとは驚きの決断を下す。街全体を掘り下げたのだ。そして中野の街も、無事発展していった。

このように、桃園川流域の大地を盛大に切り貼りしつつ、中央線は走った。そして、中央線が変えたのは、土地の高低だけではなかった。

工事によって現れた水

都市化により湧水が涸《か》れたといった話はよく聞く。しかし、甲武鉄道敷設の際には、逆の現象も起きていた。なんと新たな水源を生み出したのだ。この荻窪—中野エリア、特に荻窪付近はかつて、地下水面がまだらに盛り上がる、すなわち水の湧きやすい地であった。その「湧きやすさ」は、荻窪のみならずあちこちで聞かれる。

たとえば、座・高円寺の脇に桃園川の支流暗渠がある。水源は鉄池といわれ、杉並第四小学校（2020年4月より「高円寺学園」）南側に名残がある。大根などの野菜や防水用ホースの洗い場としても使われていたらしい。鉄道開通後の地図をみると、鉄池のやや南に大きな池が現れる。こちらは三角池と呼ばれた。線路から南に広がるような位置だが、現地はたしかに谷状になっている。そしてこの三角池、鉄道工事の砂利採取によってできた穴に水が湧いたものだった。池にはいつの間にか食用ガエルが繁殖し、夜に鳴き声を聞いた人が、幽霊かと思い恐れたそうだ。さらに、鉄池と三角池が地下でつながっていた、という、まるで富士五湖みたいな話も残っている。人はどのようにそれを知ったのだろう。水位が連動したのだろうか、モノや魚が移動したとか、はたまた穴でも見たのか、と、空想は尽きない。この二つの池から流れ出す川は、高円寺川と呼ぶ人もあるがとくに名を持たず、環七を渡り桃園川へと南下していく。コンクリート蓋やミニ橋などが残っている。

そのすぐ東隣にも、淡く谷地形が存在している。帝京平成大学の西側に、かつて水源があった。ここも鉄道敷設の際に、土を掘りだした所に水が湧いたものという。たかはら公園を通るので、筆者は「たかはら支流（仮）」と勝手に呼んでいる。以前は水源跡まで近寄ることができ、上流部に開渠まで見られたが、現在は整備され、入ることはできない。む

右／鉄池跡。現在は路地奥のひっそりとした隙間だ
左／1959年の火災保険特殊地図（都市整図社）。四角いプールのような池が鉄池

鉄池の水は、中央線のすぐ南にある三角池の水も合わせ、小川となって桃園川に注いだ。その小川の跡は現在もコンクリート蓋暗渠や細い道となって残る

かしはこのたかはら支流（仮）を利用し、缶詰製造がおこなわれていたそうだ。ふと、缶詰の中身に思いを馳《は》せる。創業者が魚類の冷凍食品事業に携わっていたというから、水産系の缶詰かしら……などと思っていたら、どうやら水産系ではないらしい。

がっかりするのもつかのま、数歩ごとに素材が変わる蓋図鑑のような暗渠が登場する。個性的なたたずまい、橋跡、銭湯跡。クリーニング店が見えたら、桃園川に一直線にそそぐ。これら2本の、鉄道敷設により出現した湧水を流した川たちは、至近距離にありながらも異なる味わいを見せてくれる。

たかはら支流（仮）中流部に残る橋跡。年々、川の痕跡も削り取られるように減少してきている

阿佐ケ谷駅のやや南にも、工事で掘りすぎて大池ができたという場所があるが、現在は凹みさえ見当たらない。異なる暗渠だが、西荻窪を流れていた松庵《しょうあん》川の水源「男窪」「女窪」も、同様の経緯で登場している。

中野駅前を掘り下げた話を先に書いた。ここも比較的湧きやすい土地だ。わたしはそこにも、もしかすると掘った際に水が湧き、ちいさな川ができたのではないか、そして中野五差路を下り桃園川に注いだのではないか、と妄想している。そのように証言をしてくれた人もいるが、それ以上の裏付けはなく、真偽のほどはわからない。

中央線が育てた桃園川

川は自由奔放のようでいて、街の影響を強く受ける。中央線は街をつくり、あるいは変えた。古くからあった桃園川をも、中央線は変えた。多少迷惑をかけるときもあったが、成長させることもあった。暗渠になってからも、中央線が物資を運ぶことにより、流域は活性化される。中央線があるから住む人が増え、桃園川暗渠は子どものための公園や、住民が好む散歩道など、ニーズに合わせ姿を変える。

桃園川は、姉のようにこの地に先にいて、どっしりと流域を支えてきた。しかし一方的に面倒をみるのみではない。こんなふうに弟の存在もまた、いつのまにか姉を成長させていることがある。

蓋をされた桃園川はまだ何にも生まれ変わっていない。この後、遊具のついた遊歩道となる。現在の中野区中野2丁目あたり（「朝日新聞（東京版）」1965年1月28日付）

【初出】「中央線の姉貴分　桃園川暗渠さんぽ」（『東京人』２０１６年3月号）に加筆修正

【主要参考文献】
杉並区教育委員会編『杉並の通称地名』１９９２年
森泰樹『杉並区史探訪』杉並郷土史会、１９７４年

もっと知りたい下谷田遊歩道

【栃木県下野市】

高山英男

下野市役所、H君の教え

前著『暗渠マニアック！』で、栃木県旧石橋町（現下野市）の短い暗渠、下谷田《しもやた》遊歩道のことを書いた。幼いころに見た臭くて汚いドブだった場所が、すっかり整備された暗渠遊歩道に変わっていた驚きを記したもので、書いた当時は、そのドブの水がどこからきてどこに行くのか、まったくわからないままだった。

その「積み残し」を解消すべく、その後も調べ続けていたのだが、なかなか手がかりが掴めずにいた。そこで最後の手段とばかりに、下野市役所のホームページに載っている建設課メールアドレス宛てに、「まことに不躾《ぶしつけ》で申し訳ありませんが」と詫びながら、ダメもとでいくつかの疑問と仮説をお送りしてみた。

さっそく返信メールが翌日届く。素早い対応に感謝感謝、と読みはじめて驚いた。

「こんにちは、下野市建設課のHと申します。……というか……同級生のHです」

なんと、小学校から高校まで同級生だったひょうきん者のH君が市役所に、しかも建設課に勤めていたとは。そしてこんな形で35年ぶりにメールで彼と再会できるとは。ありがたいことに、偶然にも拙著を最近読んでくれたばかり、というから話が早い。

H君は「わかる範囲のことしかお答えできないけど……」とひかえめなトーンで前置きしながらも、重要なことをたくさん教えてくれた。

●この流れは「下谷田用水」という農業用水であること。

●私が幼いころに見た水面は、市街地の下に700メートルほどの長さの隧道《ずいどう》を掘って、町の西を流れる姿川の分水から引いてきたものであること。

上／下野市上大領、隧道の始まり地点付近の水路跡。大谷石の暗渠蓋が美しくカーブを描いている。孝謙天皇と道鏡の言い伝えが残る孝謙天皇神社も近い
中／おそらくこの道の下、あるいは周辺住宅の下が隧道。亡母の法事で会った親戚のじいは「小さい頃隧道の中に入って遊んでいた」と言っていた
下／整備中の運動公園を越えてしばらく行くと水田のあぜ道横の素朴な水路に。町なかまで来た水たちは、こうして姿川に戻っていくのだ

●その隧道は、おそらく太平洋戦争の前後に人力で掘られたこと。

●遊歩道の先（下流）が下谷田と呼ばれる谷戸地形の土地で、そこに作られた田んぼに水を送っていたこと。

●その田んぼはすでに消滅し、跡地の運動公園整備で現在は水路も付け替えられたこと。

なるほど、これでようやくこのドブの全容が摑めてきた。H君には改めて感謝を申し上げたい。

H君に教わって見えてきた下谷田用水の全体像。このほか、町内の雨水幹線に関しても丁寧に教えていただき、脳内の暗渠地図が一気に進化を遂げた（地理院地図）

下谷田の田んぼのひみつ

改めて手元の土地利用図を見ると、１９２９（昭和４）年には下谷田の谷頭《こくとう》から低いほうに向かって細長い水田が続いているのが確認できる【左写真下】。以降、同図１９５２（昭和27）年・１９７０（昭和45）年での水田エリアもほぼ一定だ。さかのぼって、同図の１９０９（明治42）年を見ると、この谷頭部分は畑ばかりで、ようやく谷が終わるあたりでぽつんと水田が出現して

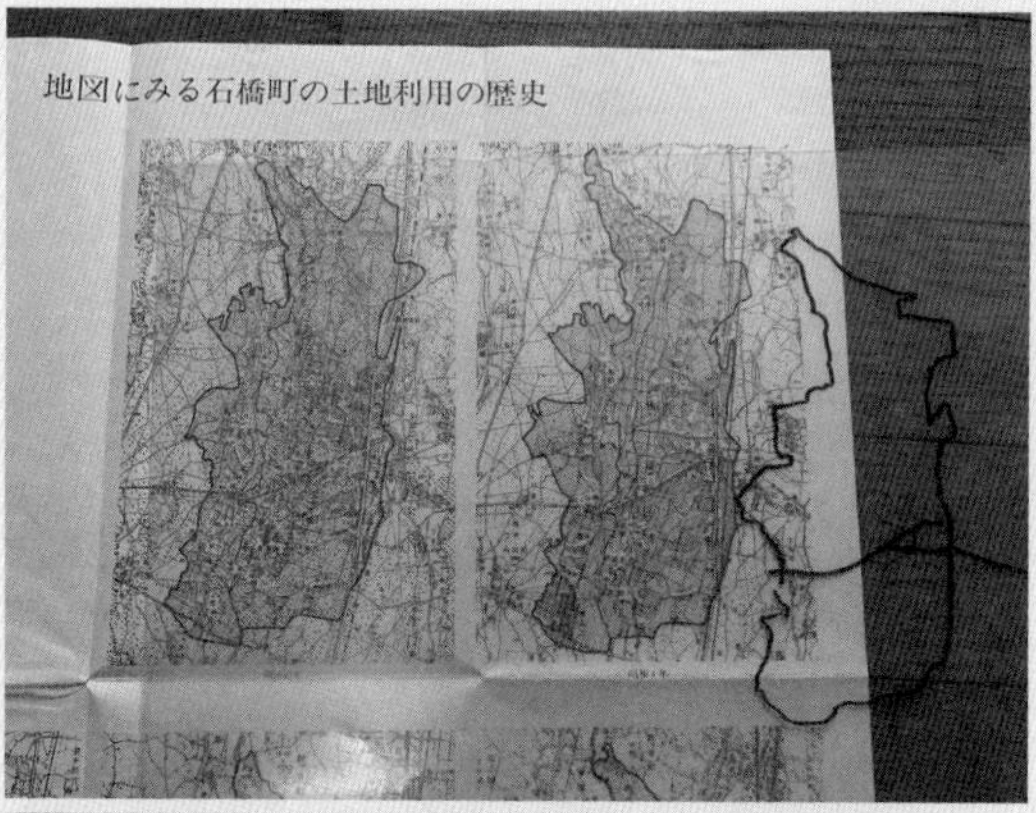

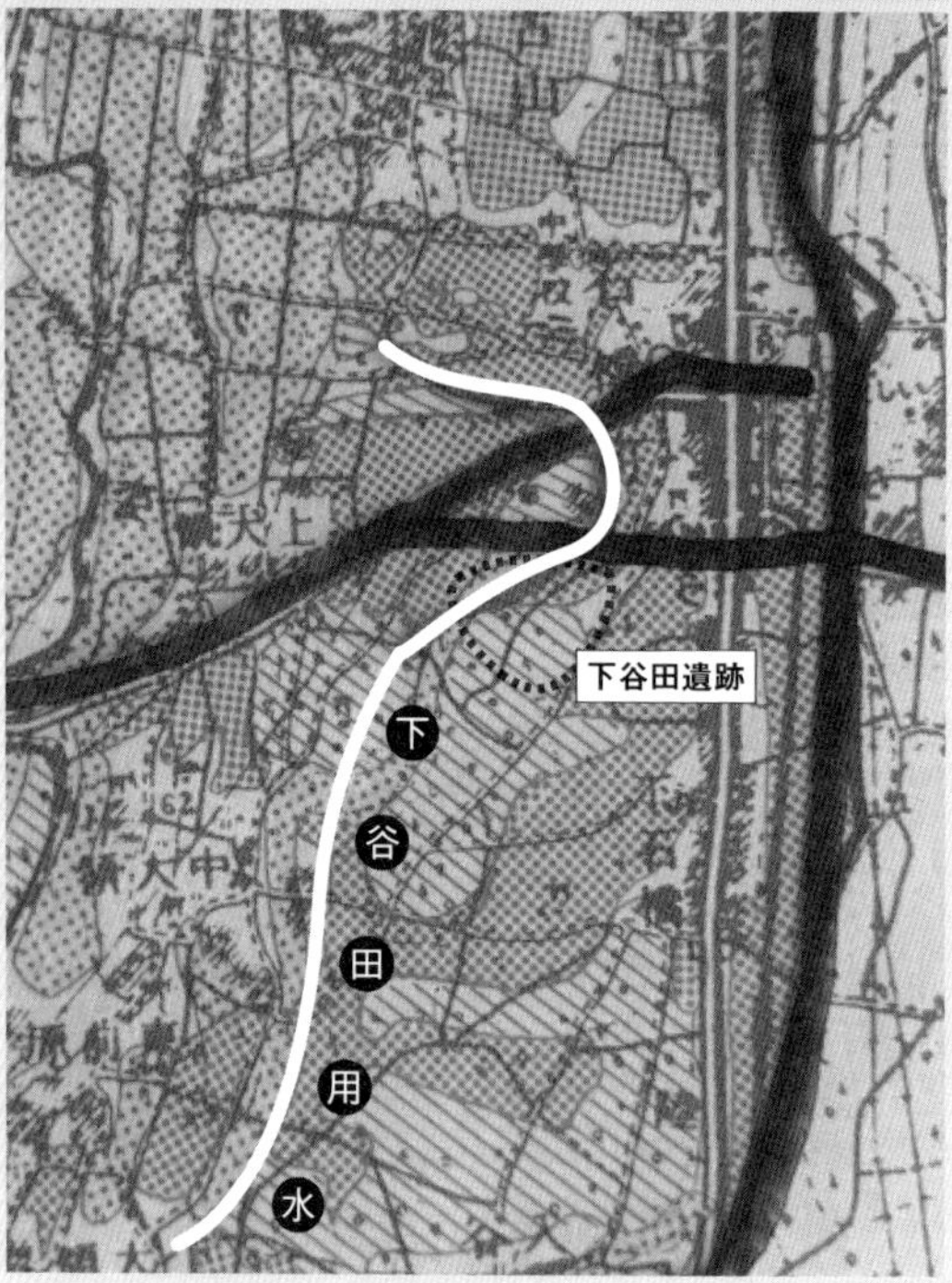

上／『石橋町史』付録の土地利用図に着彩しながら、自作フィルターで年代ごとの位置を確認。結構こういう作業が好きだ
下／自作フィルターを通した1929年の土地利用図。下谷田遺跡のあたり、用水に沿って細長く水田が広がる。しかし、たったこれだけの作付けのために、難工事の隧道を掘るものなのだろうか

いる。

H君情報では、隧道が掘られたのは太平洋戦争前後とのことだったが、この資料からは、すでに1929年には隧道が完成し、この谷戸のてっぺんに下谷田用水が通っていた可能性が見てとれる。

それにしても、なぜこんな細く小規模な田んぼを潤すために、わざわざ苦労して隧道を掘らねばならなかったのだろうか。しかも手掘りで。改めて疑問が浮かんでくる。

その後、再び下野市の石橋図書館に足を運んでわかったのは、この谷戸を包み込むように「下谷田遺跡」など複数の遺跡があったことだ。下谷田遺跡のエリアは長く栄えたようで、古墳時代から平安時代までと思われる集落跡が確認されている。実は旧石橋町を含む下野市、および隣の壬生町にかけては、大小合わせて100基はゆうに超えるほどのたくさんの古墳が確認されている、一大古墳文化地帯でもあるのだ。そういえば、中学校のときの社会科の先生がそう熱弁をふるっていたのを、今さらながら思い出す。

先ほどの土地利用図に戻れば、1909年にはこの遺跡の真ん中に水田があったことになる。しかし周辺の高低差を考えると、石橋の水田における主要水源・姿川からここまで水を回した形跡はない。

とすれば、この小さな谷戸に湧く湧水があって、それで小規模な水田を賄っていたのではないかという推測も成り立つ。

レッツ・妄想タイム!

さあ、ここからは勝手に妄想全開だ。

下谷田遺跡の真ん中に残っていたこの水田は、実はワケありだったのではないか。古墳時代〜平安時代の昔から、何らかの信仰や呪術、

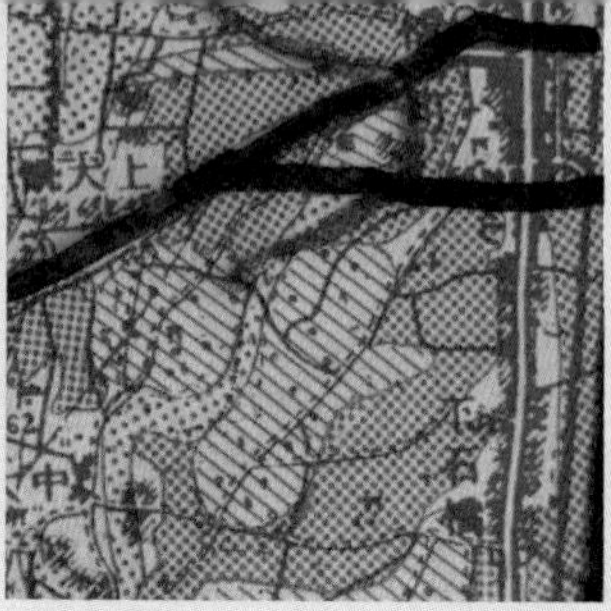

60ページの1929年土地利用図より、下谷田遺跡付近のアップ。隧道のおかげで、下谷田の谷戸から水田（緑色部分）が連なる

伝説などに絡む湧水を引く特別な水田だ。明治が終わり大正から昭和と、石橋町の近代化が進む中で（実際、国鉄石橋駅を物流拠点として大いに栄え、町に人が押し寄せたのもこの時期である）湧水が涸れ、この水田に存続の危機が訪れる。

これは一大事、水田の死は石橋町の死を意味するのじゃ！と水田消滅時にやってくる恐ろしい厄災の伝説を知る古老が、当時の町長に直談判。ところが、そんな言い伝えのために大っぴらに町の予算が使えるわけもなく、やむなく秘密裡に若い衆を集めて隧道をつくらせる。まもなく、無事姿川からの水を下谷田の谷頭に引き込むことで、水田と石橋の町を救ったのだが、その工事記録は今も下野市役所建設課のごく一部の者が知るだけで、決して公にされることはないのであった……。

ははあ、それでH君は「わかる範囲のことしか……」と前置きし、隧道が掘られた年代もわざと「太平洋戦争前後」などと曖昧に……。そうか、わかったぞ、H君。

奇しくも来月、石橋中学校の同窓会が開かれるとの案内がきた。H君と酒を酌み交わしながら、この妄想をたっぷり聴いてもらうことにしよう。

【参考文献】

石橋町教育委員会編著『下谷田・郭内遺跡――都市計画街路（文教通り）地内遺跡調査報告〈石橋町埋蔵文化財調査報告書 第1集〉』1987年
石橋町史編さん委員会編『石橋町史 通史編』石橋町、1991年
下野市教育委員会・壬生町教育委員会編『下野市・壬生町周辺の古墳群』2013年

第3章

都市開発と暗渠

街の成り立ちの
表に裏に、
暗渠あり。

暗渠vs.開発 勝敗のゆくえ

髙山英男

「勝ち負け」で現代の地形を読む

雑誌『東京人』編集部から奇妙なメールが届いた。「『地形（暗渠）に負けた再開発』というのは、事例としてあるのでしょうか?」となｰ。

暗渠マニアを自任する私でも、さすがに開発を敵とみなして暗渠の勝ち負けを問うたことなど一度もなかったので、武闘派作家・椎名誠さんみたいなこの「勝ち負け発想」には、はっと虚をつかれる思いがした。でも、すごく面白いではないか。喜んで乗っかってみることにした。

というわけで、ここでは暗渠と都市開発の「勝ち負け」について考えていきたい。

「勝ち」とは何か

はじめにしなければならぬのは、「勝ち」とはどんな状態なのかを定義することだろう。

編集部は先のメールで、「地中を流れる渋谷の宇田川（渋谷川の支流）暗渠が、西武渋谷店のA館B館をつなぐ地下お客様通路をつくらせなかった」ことを挙げていた。このように、あとからつくられた施設をまっぷたつに分断するなど、暗渠に完全に服従させている状態を「勝ち」、しかも「大勝ち」としたい。

まっぷたつ、ですぐに思い出したのが、世田谷区の梅丘2丁目と世田谷4丁目に跨《また》がる敷地を構える国士舘大学だ。この真ん中に堂々と烏山川暗渠が谷を残している。

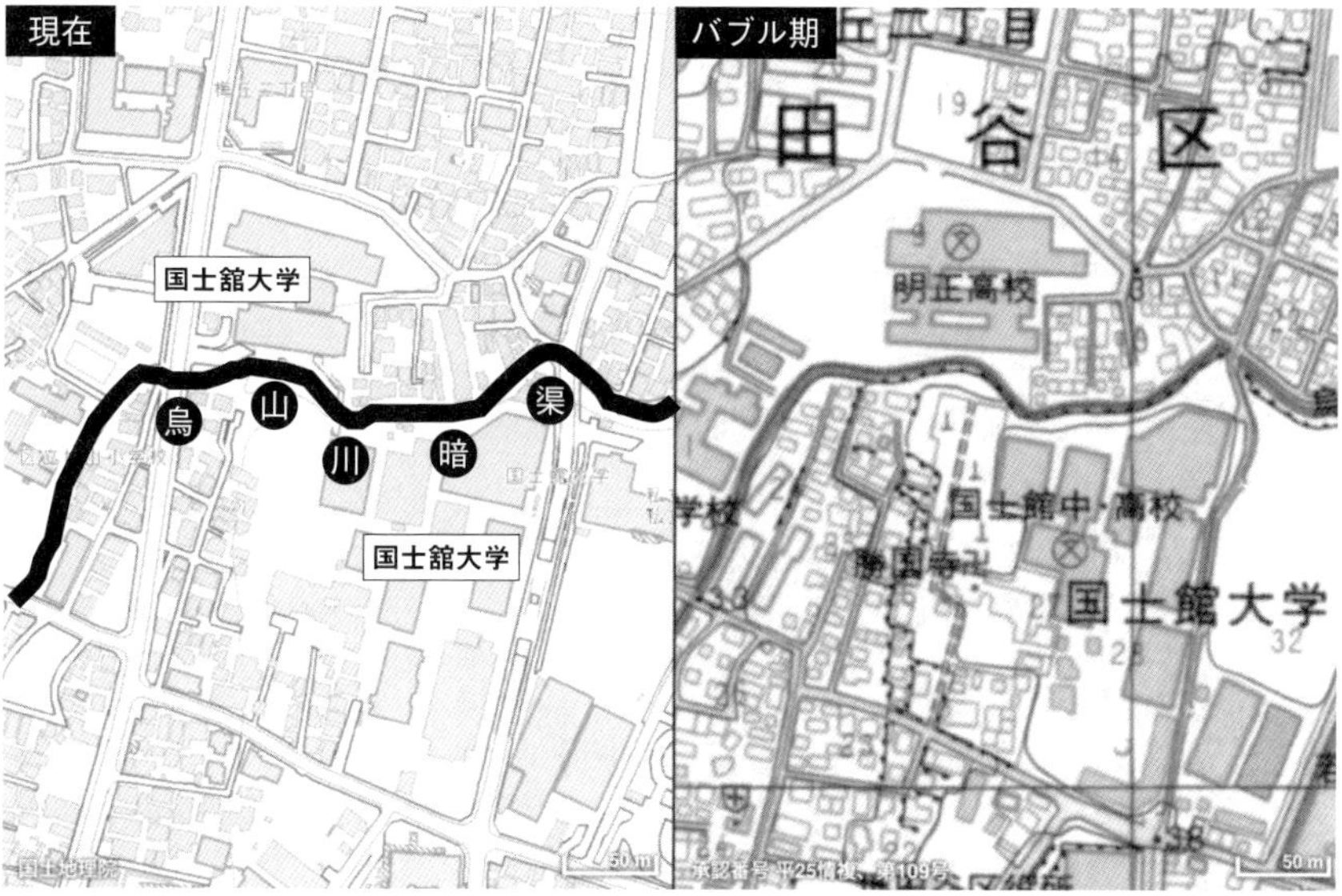

現在は烏山川暗渠（烏山川緑道）をはさんで建つ国士舘大学。だが、かつての「領地」は南側だけだった（東京時層地図）

ここも暗渠「大勝ち」物件か、と思ってちょっと調べてみた。たしかに現在の地図を見る限り、烏山川をはさんで南北に国士舘大学の敷地があり、烏山川の激しい主張に国士舘がヤラれちゃってる感じだ。

天下のバンカラ、国士舘さえねじ伏せる烏山川様の貫禄たるや……なんてわくわくする（ついつい暗渠に肩入れしてしまう）のも束の間、バブル期の地図を見れば、分断されている北側は国士舘大学ではなく、明正高校とあるではないか。

これは都立明正高等学校のことである。2002（平成14）年に、他の都立高校と統合され、都立芦花高等学校としてこの地から移転。そこをお隣の国士舘大学が2008（平成20）年に梅ヶ丘校舎として整備したものだった。

となると、国士舘大学と一戦交えたというよりも、烏山川がうっかり昼寝をしている隙に、国士舘大学にひょいっと上を跨がれたような感じか。目を覚ました時の烏山川の「えっ⁉」とびっくりしたおマヌケ顔が目に浮かぶようで微笑ましい。実際、国士舘大学の敷地を結ぶ陸橋が烏山川の上にかかっている。勝負というより、むしろ仲良しさんが遊びで取っ組み合いの真似ごとをしているみたいだ。

では一方で、「負け」とは何か。開発によって、川や暗渠が跡形もなく消えた状態、と考えてみる。

例えば、港区南青山2丁目の梅窓院あたりに発する笄《こうがい》川暗渠。その一部区間は、2012年に建てられたマンションの敷地にのみ込まれ、なんの痕跡も残せずに消滅している。

「大勝ち」と「負け」、両極端の例から考えてみたが、身のまわりの暗渠を思い浮かべると、実はその白黒両極の間

国士舘大学梅ヶ丘校舎最上階の学食から見た烏山川暗渠。川をよいしょっと跨ぐように陸橋がかけられている

暗渠vs.開発「勝ち負け」チャート

勝ち

勝っている程度	暗渠の状態
大勝ち	何かを服従させている（土地や建物を分断など）
やや勝ち	緑道や親水公園として残っている
ちょい勝ち	川や暗渠の痕跡が残っている（橋跡・橋名）
引き分け	川筋が何かに代わっている（境界・道路）
完　敗	跡形もなく消えた

負け

南青山4丁目、笄川の川筋をほぼ同じ位置で撮影　上／2009年
下／2019年、すでに見る影もない

に幅広いバリエーションがあるように思う。つまり、勝ちにもいろんな程度がありそうだ。そこで、チャートに整理してみた。

生き残り戦略としての緑道・親水公園

服従させはしなくとも、度重なる都市化の波にもまれながらも暗渠として現在までしっかり存在している状態であれば、それは「やや勝ち」と言ってよかろう。

例えば、1972（昭和47）年に竣工した高島平団地を突っ切る前谷津《まえやつ》川である。この川は、団地造成直前とほぼ変わらぬ位置で、四季折々の花を咲かせる前谷津川緑道として第二の川生を歩んでおり、今後も団地とともに地域の人々に愛され続けていくことだろう。

緑道化とは、川や暗渠にとって「開発と共存する」ことであり、最善の生き残り戦略といえる。争いを避け、勝ち負けを超越する第三の選択肢が緑道への道なのかもしれない。先に挙げた「仲良しさん」の烏山川も緑道である。緑道は平和なのだ。

さらにこの戦略の先端をいくのが、「親水公園」だ。利便性や土地効率などが優先され、水の流れを地下に追いやってきた高度経済成長期・いわば水面受難の時代を経て、昭和50年代以降は水や緑の持つ癒しに目が向けられるようになった。

板橋区の高島平団地を横切る前谷津川緑道。2019年に「高島平と名がついて満50年」を迎えたという

その結果、都下城東エリアを中心に、多くの川や水路は周囲の開発の波から逃れ、または共存し、親水公園として生まれ変わることとなる。2018年に誕生した都心のおしゃれ親水空間「渋谷ストリーム」も、この延長線上に出現したものと位置付けられよう。

以前あるテレビ番組で、「東京暗きょワンダーランド」という特集が放送され、私も少々取材に協力させていただ

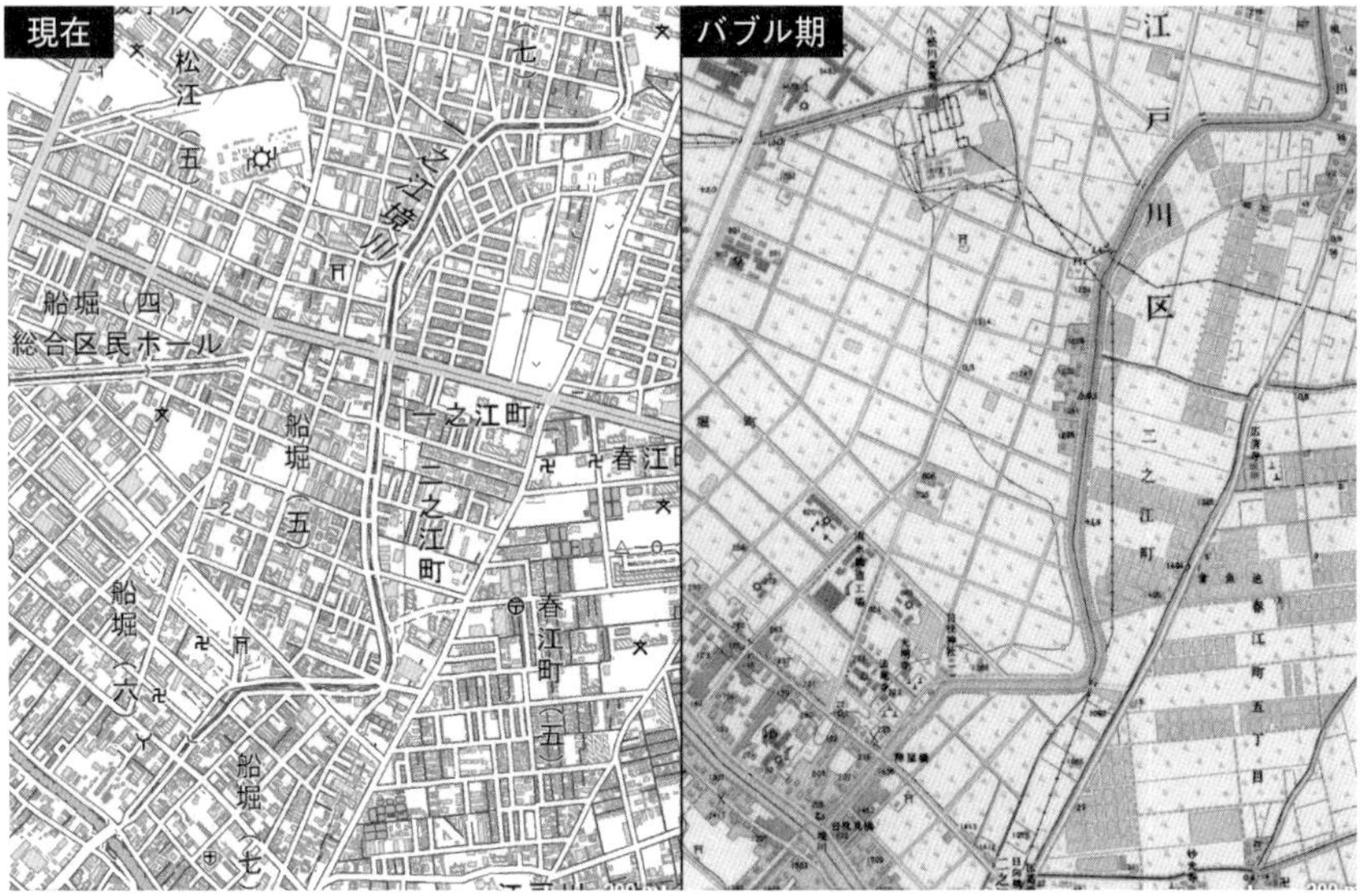

江戸川区春江町周辺の池（養魚場）はほとんど消滅したが、一之江境川は親水公園としてほぼ原形をとどめている（東京時層地図）

いた。この特集の発案から構成・編集まで3カ月間、すべて仕切った浅岡理沙リポーターは、放送当日、こんなコメントでコーナーを締めていた。

「（取材を通して）人々が何を豊かさだと思うかが変わってきているのを感じました。暗渠を盛んにつくっていた時代というのは、便利な生活、効率的な街というものを、みんなが一心に目指していたんだと思うんです。でも今は、立ち止まってゆとりを持つこともちょっとずつ見直されてきていますよね。水辺を大事にするということが、今の人々の価値観を象徴しているのかなあと感じました」

浅岡リポーターは、この取材の前まではまったく暗渠のことを知らなかったそうだ。短期間で暗渠を学び、その奥に流れる時代の本質をさくっと掴む手腕には恐れ入るばかりだ。

渋谷駅再開発の主役!?　おしゃれ空間「渋谷ストリーム」内の渋谷川

闘いを経て、なお遺る痕跡

暗渠自体は消えかかっても、何らかの痕跡をしっかり遺している場所がある。それをここでは「ちょい勝ち」と呼ぼう。

例えば、2013年に地下化された東急東横線の渋谷―代官山間。このプロジェクトで、ずいぶん沿線の風景が変わったが、代官山駅横の踏切にあった「新坂橋」の橋跡はかろうじて残った。わずかな痕跡に過ぎないが、これは決して「負け」ではない。

また、姿形はなくなったが、橋の名前だけが遺っているという儚《はかな》き状態も、この「ちょい勝ち」に加えておきたい。

三田用水猿楽口分水からの流れにかけられた新坂橋。隣の踏切は消滅したが、こちらは健在

というわけで、東京23区内に、果たしてどれくらい「暗渠にかかる橋の名前を冠した交差点」があるか、調べてみた。

東京23区内には、3959カ所の「名前の付いている交差点」があり、そのうち465カ所が「橋」名絡みである。さらに、そのうち104カ所が、すでに水面を失くした、すなわち暗渠にかかる橋名を遺したものだ。これらの中には、高度経済成長期以降の宅地化によって消えた橋の名も多い。

区ごとの状況を見てみると、暗渠の「橋」交差点の数、および含有率ともに、ダントツの1位は中央区。銀座や築地あたりを中心としたかつての水都が、都市開発で受けた影響の大きさを物語っている。

暗渠の「橋」交差点含有率は、中央区に次いで墨田区、台東区、江戸川区、港区と続く。一方、含有率が低いのは、新宿区、文京区、大田区、杉並区、世田谷区など。東京の地形はその標高から「西高東低」といわれるが、この儚き「ちょい勝ち」物件では反対に「東高西低」となっている。

東京 23 区の交差点数

		交差点数	「橋」交差点数			「暗渠にかかる橋」交差点数		
		a	b	含有率(%) b÷a	順位	c	含有率(%) c÷a	順位
1	千代田区	137	14	10.2	13	4	2.9	7
2	中央区	137	51	37.2	1	25	18.2	1
3	港区	192	43	22.4	2	8	4.2	5
4	新宿区	181	13	7.2	17	0	0.0	22
5	文京区	147	10	6.8	18	0	0.0	22
6	台東区	151	21	13.9	9	8	5.3	3
7	墨田区	148	30	20.3	4	8	5.4	2
8	江東区	298	46	15.4	8	5	1.7	11
9	品川区	91	16	17.6	6	2	2.2	8
10	目黒区	64	7	10.9	11	1	1.6	15
11	大田区	281	11	3.9	21	1	0.4	21
12	世田谷区	303	10	3.3	23	3	1.0	19
13	渋谷区	179	13	7.3	16	3	1.7	12
14	中野区	70	7	10.0	14	1	1.4	16
15	杉並区	237	10	4.2	20	2	0.8	20
16	豊島区	84	9	10.7	12	1	1.2	18
17	北区	101	12	11.9	10	2	2.0	9
18	荒川区	60	2	3.3	22	1	1.7	13
19	板橋区	210	44	21.0	3	3	1.4	16
20	練馬区	331	21	6.3	19	6	1.8	10
21	足立区	270	25	9.3	15	11	4.1	6
22	葛飾区	125	22	17.6	5	2	1.6	14
23	江戸川区	162	28	17.3	7	7	4.3	4
	23 区計	3959	465	**11.7**		104	**2.6**	

＊交差点名のピックアップは、ウェブ「MapFan」の「東京都の交差点」をベースに、私の知る範囲で信号機に交差点名が明記されているものを追加した上でカウントした(2019 年 8 月時点)。この手法を便宜上「暗渠 -Bridge-Crossroad カウント法＝ＡＢＣ法」と呼ぶことにしたい。

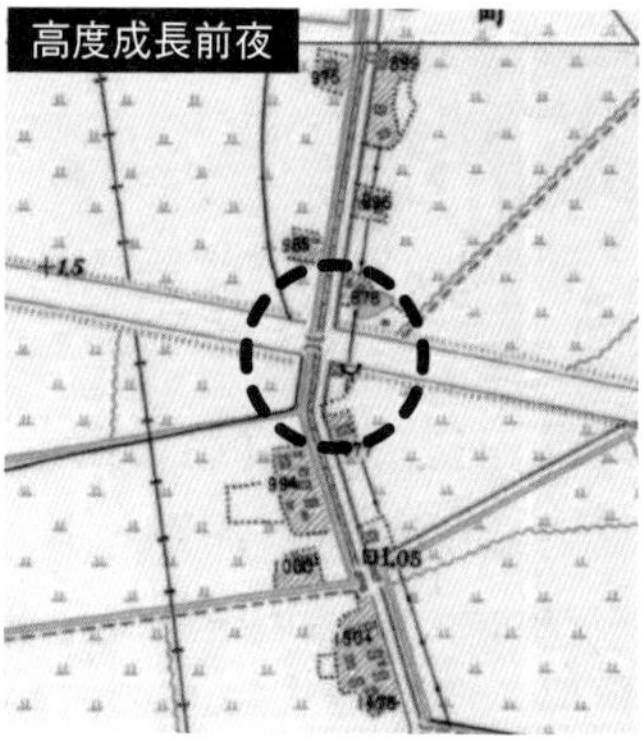

東京メトロ東西線葛西駅の北、共栄橋交差点。三角川といわれる川にかかっていた共栄橋は、現在、川もろとも消滅している（東京時層地図）

水の代わりに遺ったものは

最後に、水辺や暗渠はなくなったが、代償としての何かを遺している状態。これを「引き分け」と考えよう。

例えば、神田川への合流間近の蟹川暗渠。2015年のマンション建設でかつての暗渠景観は消滅したが、いまだ文京区と新宿区の区境として、川筋を伝えている。

首都高速都心環状線の一部も「引き分け」だ。この道路となったかつての築地川や楓川には、1962（昭和37）年以降、水の代わりにクルマが流れ続けている。

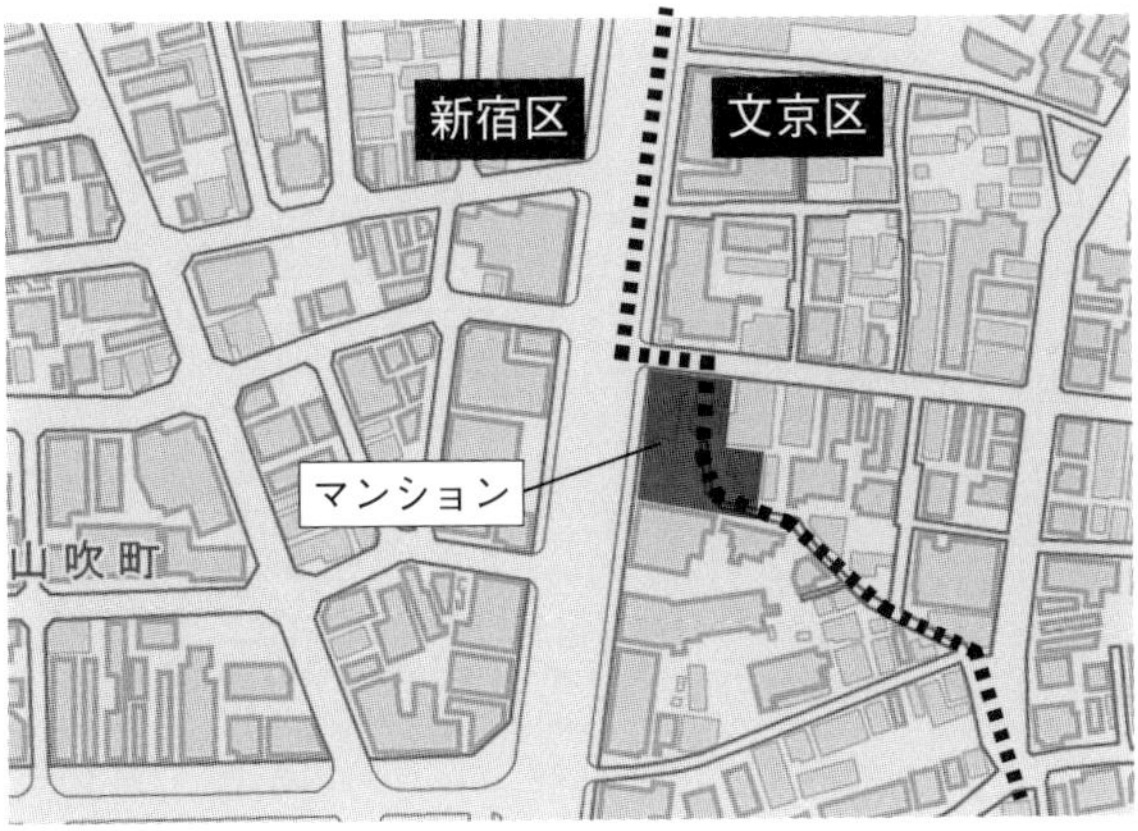

マンションの敷地に消えたかつての蟹川の暗渠は、文京区・新宿区の区境としてしっかり遺っている（地理院地図）

中央区築地4丁目、采女橋から見下ろす築地川（首都高速都心環状線）に流れるものは……

【初出】
「暗渠vs.開発　『勝ち負け』で現代の地形を読む」（『東京人』2019年7月号）に加筆修正

【参考文献】
椎名誠、木村晋介、沢野ひとし、目黒考二『発作的座談会』角川文庫、1996年
菅原健二『川の地図辞典――江戸・東京／23区編』之潮、2007年
蓑田辰彦、畔柳昭雄「東京都区部における親水公園整備の実態に関する調査研究」（日本造園学会誌『ランドスケープ研究』2005年68巻5号）

事例に見る、都市開発と暗渠の闘いの歴史
——玉川上水と三原橋

吉村 生

新宿駅を玉川上水が横切ることがわかる地形図。区境のラインが水路と重なっている。（東京時層地図）

したたかに勝ちを増やす、新宿の玉川上水

新宿駅は、新宿区だけのものではない。渋谷区にもまたがっている。区境に注目すれば、実はそのラインはかつての玉川上水である。断続的に開発される新宿において、玉川上水は幾度も幾度も、工事に晒《さら》されてきた。江戸時代につくられたこの上水道は、どのように開発と闘ってきたのだろうか。

1885（明治18）年、内藤新宿駅が誕生した。木造の、改札口はひとつきりの駅舎で、まったくの田舎駅、と当時の人は描写する。字《あざ》は渡辺土手際、玉川上水の土手をさす表現である。当時は街の近くに鉄道を敷かなかったため、郊外の土手につくられたのだ。駅は

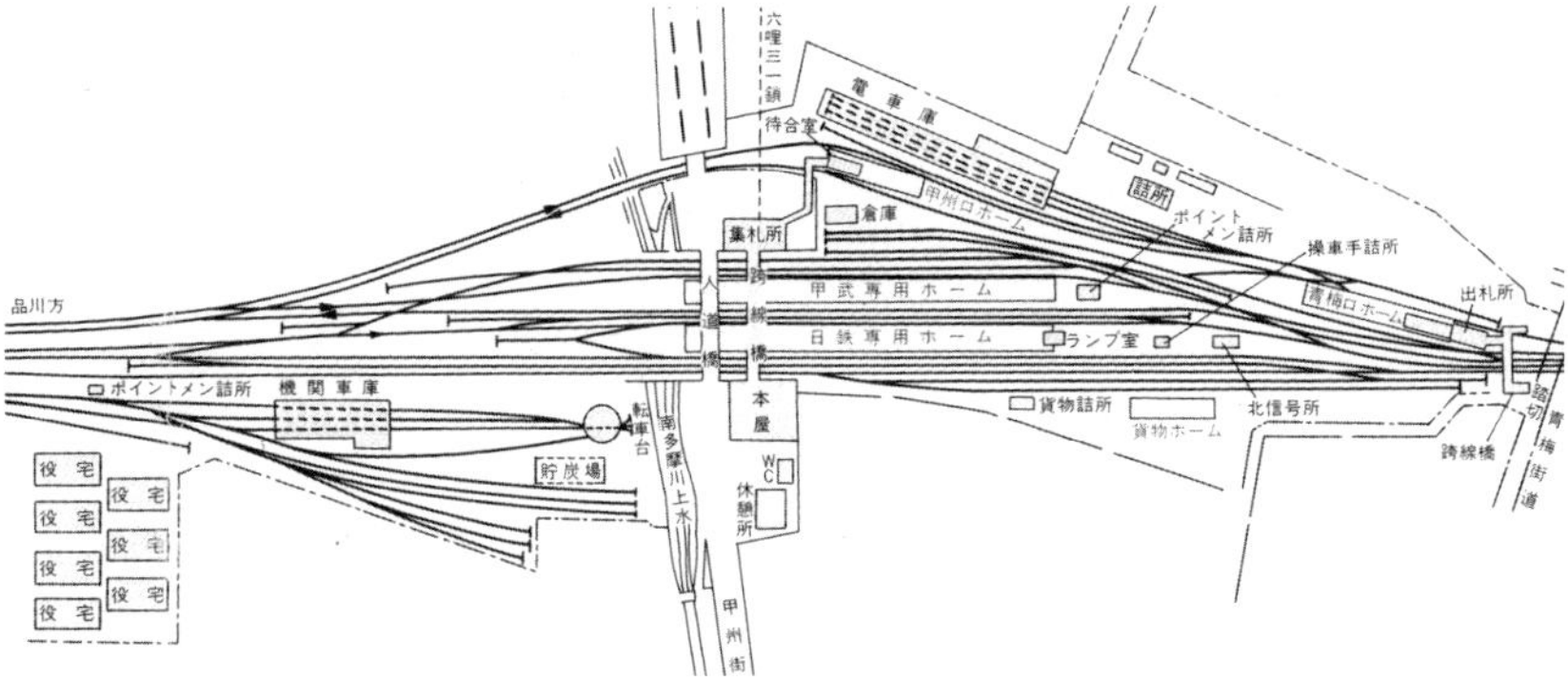

明治 40 年頃の新宿駅平面図。中央やや左に、南多摩川上水（玉川上水のこと）と書かれた水路が顔を出しているのがわかる（『新宿駅 100 年のあゆみ』より）

やがて新宿駅となり、路線が増え、拡張されてゆく。１９０７（明治40）年頃の構内見取図には、新宿駅構内に玉川上水が開渠で描かれている。

　さらなる駅の拡大により、玉川上水は地下に潜らされたが、どっこい消え失せはしなかった。１９５４（昭和29）年、京王線の新宿駅改良計画において案は三つ、その中で最も玉川上水にダメージのない工法が採用された（ようにわたしには思える）。１９６２（昭和37）年の小田急線新宿駅改良工事では黒星を喫し、サイフォン化、つまり線路の下を潜るように変更を強いられた。２００８（平成20）年、副都心線工事に伴う地下歩道築造においては、上部にある玉川上水への影響を防止する工法が採られている。新宿駅と玉川上水の闘いは、どちらかというと後者の判定勝ちにみえる。

　ＪＲ新宿駅には、東京都所有の玉川上水敷地が約５６０平方メートルほど存在している。それは暗渠構造になっており、ＪＲは都から許可を得て線路を敷設している。駅下の暗渠は、立派な煉瓦《れんが》造りであるという。この水路が何故こんなに丁重にもてなされるのかというと、重要な史跡であるためだ。例えば１９９１（平成3）年、四ツ谷駅工事の際に玉川上水遺構のうち、７メートルが壊され、消失した。新聞２紙に「あれっ遺跡が消えた」とそのことが取り上げられるあたり、ＶＩＰぶりがうかがえる。

駅より下流側は、新宿御苑の北に沿う道路となっている。過去の様子を知ろうと、新聞で玉川上水の記事を探してみると、「断水」と「水難事故」の連発であった。しかし少数だが、ここで起きた珍事件もある。たとえば、酔って玉川上水に嵌《は》まった陸軍砲工学校の用務員。あるいは、巡査と風呂敷包みを背負った前科七犯の盗人が水中で格闘した捕物劇。地元の古老は、滔々《とうとう》とした水の流れ、何百何千と飛び交うホタルを回想する。アユやフナが泳ぎ、釣りも魚捕りも楽しんだ。

1898（明治31）年に淀橋浄水場ができると水量は減り、1925（大正14）年から1935（昭和10）年にかけ暗渠化された。現在は排水路であり、常時水が流れているわけではない。しかし、玉川上水はこのようなものがたりの記憶を秘め、新宿の地下に潜んでいる。

駅上流側の暗渠化はより遅い。現在は東京南新宿ビルディング、葵通り、あおい公園、歩道となっている。葵通り手前に葵橋の跡がある。葵橋は、暗渠化後も立派な欄干を片側だけしばらく残していた。1987（昭和62）年、東京南新宿ビルディングが建つと橋は撤去されたが、地元の要望により、記念の銘板がビルに嵌め込まれた。このビルの地下には、いまも玉川上水の暗渠がある

葵通り入り口に佇む葵橋跡の碑。向かいの東京南新宿ビルディング入り口にも、葵橋の記念銘板がある

はずだ。

　所有主が曖昧だった大正から昭和、都と国はそれぞれに玉川上水の所有権を主張していたが、２００２（平成14）年に和解し、都のものとなる。２００５（平成17）年、ＪＲが新宿再開発をするにあたり、都は「なるべく現行の形状を変更したくない」と主張した。その結果、新宿という大都会の中、玉川上水は地表のわずか1メートルほど下を、一続きの暗渠としてあり続ける。驚くべきことに、導水機能も維持されている。江戸時代、はるか羽村から引かれてやってきた水路は、最初から最後まで、人の手により翻弄され……るかと思いきや、人びとを、鉄道会社や都や国を、掌《てのひら》の上で転がす存在になっていた。

撤去前の葵橋。写真左手が新宿駅。現在の東京南新宿ビルディングは、玉川上水跡、すなわち水道用地であった（東京都環境局提供）

　２０１２（平成24）年、新宿御苑脇に玉川上水を偲《しの》ぶ水路が誕生した。内藤新宿分水と名付けられているが、実際の玉川上水跡より南につくられ、新宿御苑トンネル内に湧いた地下水を引いている。まるで、玉川上水の子どものようだ。新宿の住民による署名運動など、長期にわたり、かなりの熱量が動いてできた水路だ。ここでもまた、玉川上水は対決に小さな勝ちを加えているといえよう。そしてこれらを踏まえてふたたび新宿駅の区境のラインを見ると、こう言いたくなってくるのだ。

「玉川上水様の、おなーりいぃー」

右／三十間堀川の埋め立てを三原橋から見物する人びと（1948年）。現役時代の三原橋は普通の橋だ。将来こんなにも話題の場所となるなど、三原橋本人も想像していなかっただろう
左／三原橋の下には1952年に地下街がつくられた。ゲームセンターの文字がみえる。写真は地上部分の建設中（ともに朝日新聞社提供）

圧倒的一人勝ちの三原橋、その混沌と今後

工事中の三原橋を見ると、往時の記憶がよみがえる。かつて、この地下でサバ味噌定食を食べた。いつかはカレーも、と思いつつ未食のまま。川跡である橋下に商店街があり、橋上にビルがあるという奇観スポットは、銀座の中でもとりわけ印象的だった。暗渠好きな自分からすれば当然だが、その引力は、実に多様な人びとを惹《ひ》きつけてきた。

２０１３（平成25）年、シネパトス閉館の際は俳優や大勢の映画ファンが詰めかけ、翌年の三原カレーコーナー閉店は「ねぎらう会」の開催とともにニュースとなった。三原橋を保存しようという有志の会ができ、さまざまな媒体を使って活動が繰り広げられた。近隣の勤め人、学生、建築家に芸術家……いやはや、ファン層が広い。

この三原橋がかけられていたのは、三十間堀川という運河である。江戸造成にあたり、銀座につくられた水路のひとつだ。三原橋は実は架橋年代、名称の由来ともに判然としない。三十間堀川は戦後、残土処理のために埋められる。橋も撤去されたが、三原橋は、三十間堀川にかかる橋のうち唯一、残された。その理由は不明である。

往時の三原橋地下街。追い出されたゲームセンターの後に銀座東映ができ、シネパトスとなる。向かいの、三原カレーコーナーも名店であった

川のある時代はただの橋だった三原橋だが、埋め立て後は橋下に空間がつくられ、そこに向かう美麗な円形階段がしつらえられた。すなわち川跡が目一杯利用されたわけだから、開発と暗渠の対決でいえば大勝、しかも一人勝ちである。しかし、この三原橋および地下空間は、波瀾《はらん》万丈の運命をたどることとなる。

橋上の三原橋センタービルと橋下の三原橋地下街は、戦後復興施設としてつくられた。設計は土浦亀城《かめき》。現代の人びとがこれらの建物の喪失を嘆くのと同様、当時の新聞は「おかげで昔なつかしい三原橋と三十間堀のおもかげは失われ」る、とどこか寂しげである（「朝日新聞」1953年9月8日付）。一方で、娯楽施設ができると期待に胸を膨らます記事もある。1961（昭和36）年頃の三原橋地下街の配置図を見ると、東映封切館にニュース館、おでん屋に玉突き場、射的場など楽しげなものばかり並んでいる。……楽しげ？　実は三原橋一帯は都有地であり、観光目的で開発される契約であったため、娯楽施設の存在を巡っては当初から大揉《おおも》めしていた。1953（昭和28）年前後、ゲームセンターに撤去を申し入れる等、問題視する記事は繰り返し出てくる。

橋上についても、都の不法占拠であると度々炎上が見られる。解決

策として、三原橋の地下2階に商店街をつくり、16店舗を移動させるという案が出る。1965（昭和40）年のことだ。ガスが使えず、地下2階という動線の悪さゆえ店舗が入ることはなく、都の倉庫として残り続けている。いわゆる、幻の地下商店街だ。

三原橋は橋の上下のみならず、左右も揉めごとに囲まれていた。1951（昭和26）年、三原橋横の三十間堀川埋立地に住みついた人たちがいた。銀座のあちこちにいた露天商が、追い立てられて三原橋脇に来ることもあった。これらの人びとは、三十間堀川跡にできた銀座館マートに移ることになったというが、それ以上追跡する記事はない。

三原橋跡を上から見たところ。両脇の半円空間の利用については検討中という。橋桁等はスクラップとして処分されるそうだ

地下2階「幻の地下商店街」の下には日比谷線が通るが、その建設中に、地下1階に都が計画した地下自動車道路工事との折り合いがつかず、待ったがかかるという事件も起きた。三原橋の地下につくられた公衆便所が、依頼通りに施工されていないという理由で6年も訴訟沙汰となり、開かずの便所となっていた時代もある。その公衆便所のさらに地下が知らぬ間にくり抜かれ、キャバレーとして営業がなされ問題化したこともある。三十間堀川がつくり出した三原橋を取り囲む空間は、掘削当時よりもむしろ肥大し、欲望と執着と諍《いさか》いを生み続けてきた。なぜ三十間堀川の中で三原橋だけが残されたのか。なぜ、三

原橋の周辺でばかり諍いが絶えないのか。これらの面妖な事象は、もしかすると三原橋の持つ何かしらの力によるものではなかろうか。

改めて工事現場を見下ろす。橋が老朽化したため、橋桁を撤去し、土を埋め戻す工事を行っているのだという。一人勝ち続けた三原橋三十間堀川跡に、逆転負けの風が吹く。ただ、地下1階の空間は埋められるが、地下2階は残されるという。これを川底が一部残ると見なし、三十間堀川と開発の対決にごくわずかな勝利を見出すかどうか、微妙なところだ。

しかし、これまであまりにも多くの亡霊を背負ってきた三原橋は、もしかするとそう簡単に痕跡を失くすことはないのではないか。そんな気もしている。

本稿を書くにあたり、ウェブサイト「骨まで大洋ファン」の管理者、革洋同さんから貴重な資料をいただきました。記して感謝します。

【初出】
「暗渠vs.開発　玉川上水 新宿でしたたかに勝ちを増やす／三原橋 圧倒的一人勝ち、その混沌と今後」

【主要参考文献】
垣本一之「京王線新宿驛改良計畫について」（『新都市』都市鉄道特集8（11）、都市計画協会、1954年）
東京都環境保全局『玉川上水の歴史と現況』1985年
日本国有鉄道新宿駅『新宿驛八十年のあゆみ』1964年

キャラが際立つ板橋三大暗渠

【東京都板橋区】

髙山英男

バランスよいキャラ立ちが名作をつくる

「ズッコケ三人組」といえば、知らぬ人はいまい。那須正幹による児童文学シリーズで、1978（昭和53）年に世に出て以来、2004年までで計50冊が刊行されている。

このシリーズの人気の秘密は、何と言っても魅力的な3人の主人公にあろう。すばしっこくっていたずら好きのハチベエ。やさしくておっとり、万事スローモーなモーちゃん。探究心の塊で、何でも知ってるメガネのハカセ。個性的だけど、実はどこのクラスにもいそうな3人だ。そう、このシリーズは親しみやすい3人のキャラ立ちが物語に幅をつくり、それがキモとなって愛され続けているのではないだろうか。

……で、ここから急に板橋区の話となる。東京都板橋区には「板橋三大暗渠」と私が勝手に呼んでいる3本の暗渠がある。板橋区内にはほかにもたくさんの暗渠があるが、とくに流域面積が広いのが、区の北側の新河岸川、荒川に並んで注いでいる「前谷津《まえやつ》川」「蓮根《はすね》川」「出井《でい》川」の3本だ。それぞれに個性的な彼ら3本をご紹介しよう。

個性豊かな3人が主人公の「ズッコケ三人組」のシリーズ（ポプラ社）。小学生のシリーズが終わった後も、中年編、熟年編が刊行されている

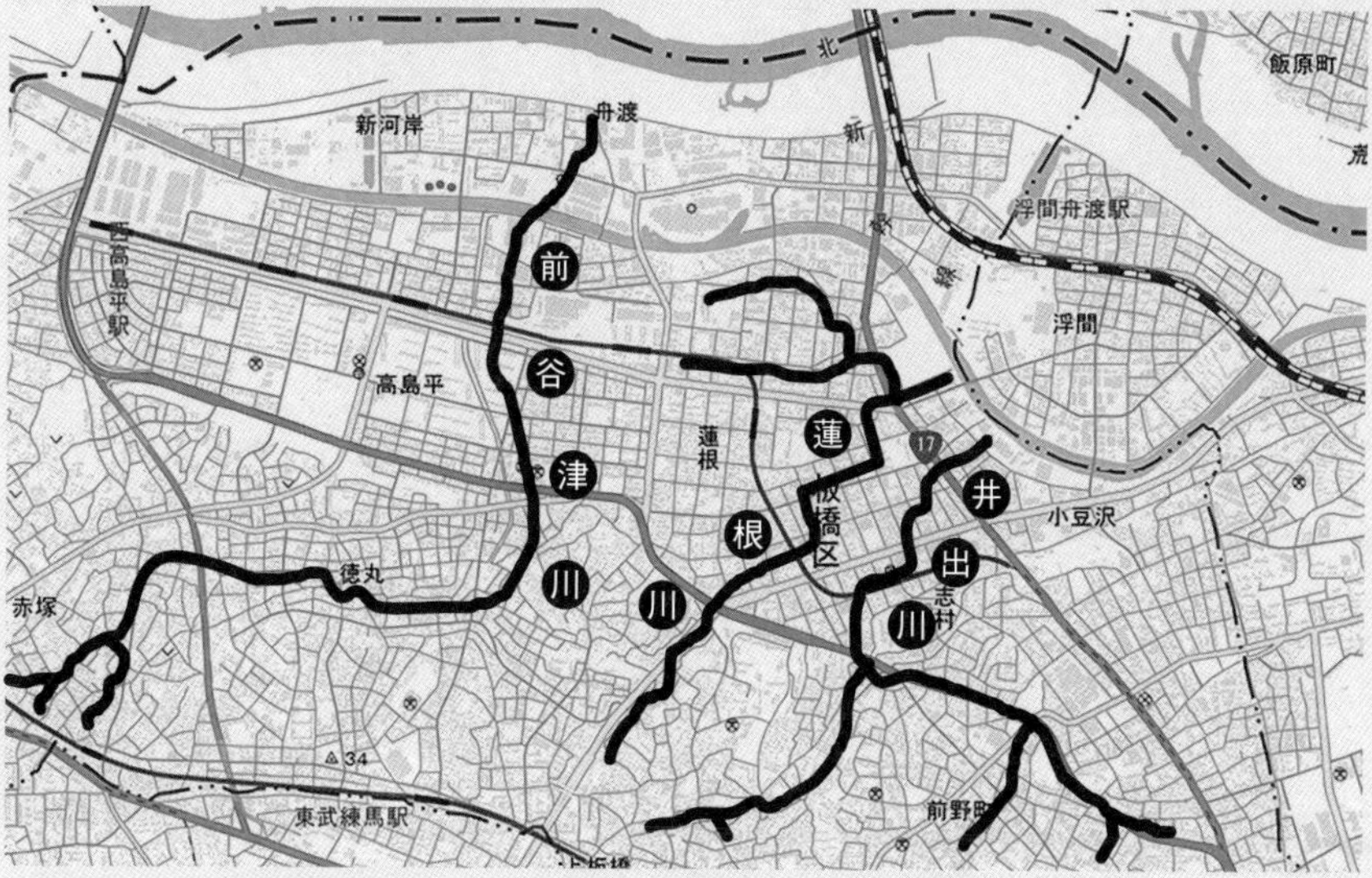

板橋区を貫く３つの代表的な暗渠、西から前谷津川、蓮根川、出井川（地理院地図）

意欲的、ニーズに応える前谷津川

前谷津川は全長およそ5・5キロ、その8割方が前谷津川緑道として整備されている。そこが暗渠だと知らない人でも楽しめる、美しく手入れされた居心地よい緑道公園だ。

しかし、暗渠マニアはきれいなだけでは満足できない。川だった頃の履歴が刻まれたような、ちょっと荒々しい姿も味わいたいものなのだ。世間様とは真逆の方向の、そんなわがままな思いにまで応えるかのように、前谷津川はその始まりと終わりのわずかな場所にのみ、「水路に蓋をかけただけの、プリミティブな構造の蓋暗渠」という、とびきりの名所を用意してくれている。

一般的なニーズはもとより、暗渠マニアが抱えるニッチなニーズまでをキャッチし、幅広く品揃えをする前谷津川に、物事を徹底的に調べ

1／赤塚6丁目から新河岸川合流点までの区間、地域の憩いの場として親しまれる前谷津川緑道
2／新河岸1丁目。新河岸川から荒川に出るまでの区間に見られるコンクリート蓋暗渠。同様の蓋暗渠は川の起点付近の赤塚新町2丁目でも見ることができる

3／坂下2丁目児童遊園にある、おそらく何かの下水設備。公園の真ん中にあるのだから「大河に浮かぶ筏」の遊具であると前向きにとらえたい
4／むつみ橋児童遊園に続く、白砂が敷き詰められたエリア。背を向ける家々の寂寥感も相まって、枯山水の庭のようにも見えてくる

ようと意欲を燃やすハカセの姿を垣間見てしまうのは、私だけだろうか。

おっとり夢見る蓮根川

蓮根川は、右に左にと、体をゆっくり揺らしながら新河岸川へと進んでいく。その流れをいけば、水面が消えてしまった今もかつての橋の名を残す「むつみ橋児童遊園」「えのき橋児童遊園」に辿《たど》りつく。ほとんど川の痕跡が残らない場所だが、その名にだけ開渠だった頃を思わせる妄想スイッチが隠されているのだ。

そのほかにも「見立て」によって、筏《いかだ》で大河を下る気分になれる場所や、禅寺にある枯山水の庭を連想させるようなところまである。そんな妄想ポイント満載なのが蓮根川だ。暗渠を見ながらゆったり妄想すれば、モーちゃんみたいにやさしい気持ちになれるはずだ。

上／出井川の支流・通称前野川暗渠。それが流れるのが真ん中で、クルマの重量がかからない歩道がつくられている
中／都営地下鉄三田線志村坂上駅北側の自転車駐輪場。そのキワには苔生す護岸の跡が確認できる
下／中山道との交差地点に突如現れる「新小袋橋」の欄干。こんな賑やかな通りによく残ったものだ

やんちゃ、いたずら大好き出井川

東京の川は、大雑把にいえば、だいたい西から東へと流れるのだが、出井川の上流は反対の向きに流れている。出井川は、「逆さ川」という別名まである、やんちゃな川だ。

出井川の支流では、道の真ん中が歩道で、その両脇を車道が挟むというトリッキーな風景が見られるが、もちろんこれは、下を通る暗渠がそうさせているのである。中流にある駐輪場では、かつての川の護岸がちらりと顔をのぞかせていたり、幹線道路にぶつかる地点では、手品のように橋跡（新小袋橋）がひょっこり出現したり。ハチベエがすばしっこく走り回りながら、出井川のあちこちにいたずらを仕掛けているさまを思うと、微笑ましくなる。

　さらに新河岸川に合流する直前まで行けば、漂う匂いに意表を突かれることだろう。下水の臭いではなく、左岸にあるチョコレート工場からの甘ーい香りに、思わずこちらまで子どもに帰ったように顔がほころんでしまう。

　こうして改めて見ていくと、板橋三大暗渠は、それぞれのキャラがバランスよく立っているようだ。読み物に仕立てることができるなら、名作シリーズができるかもしれない。

出井川横にある日本チョコレート工業協同組合。基本的に小売りはしないが、毎年10月から数量限定で、おいしく巨大な板チョコ「デラックスミルクチョコレート」を販売する

【参考文献】
石井直人、宮川健郎編『ズッコケ三人組の大研究――那須正幹研究読本』ポプラ社、1990年
板橋区監修『板橋マニア――板橋好きが案内する板橋まちガイド』フリックスタジオ、2018年

第4章

データと暗渠

定量と定性。
それぞれの切り口で
暗渠を愛でる。

川区境データ
――23区の区境を開渠と暗渠で見てみたら

髙山英男

「境目」を刻み続ける暗渠

昔から、川はあちらとこちらを区切るものである。実際、現在の行政区分に大小の川を採用している自治体も多い。東京23区も然りだ。例えば、墨田区では、東側の境は荒川・旧中川で、西側の境は隅田川、さらに南側を見れば、旧中川につながる北十間川、横十間川と、複数の川をなぞるように江東区との区境が切り結ばれている。

この墨田区と江東区の区境を追っていくと、都営地下鉄新宿線森下駅周辺、墨田区菊川1丁目、立川1丁目、千歳3丁目と江東区森下1丁目あたりで、斜め直角にカクカクと曲がっている妙な場所が目につく。

実はこのカクカクは、五間堀・六間堀という二つの水路跡なのだ。昭和の初め以降に水面を失くした水路たちが、暗渠として今なお二つの区を分かっているのである。

川の魂がいまだ現世に残り、きっちりと仕事をし続けているかと思うと、なんだか胸が熱くなってくる。きっと境界を刻み続ける胸アツ暗渠は、もっとたくさんあるはずだ。そんな思いで、東京23区の「川区境」の状況を調べてみることにした。

以前、開渠と暗渠を含めた川区境の「本数」をカウントしたことはあったのだが、より精緻なデータを求めて、今回は「長さ」を集めていくことにした。東京23区に限るとはいえ、なかなかの作業量になるので、事前に一定のルールをつくって作業に臨む。そうして、つらくも愉しい時間をたっぷりと使い、一覧にまとめたものが88～91ページの

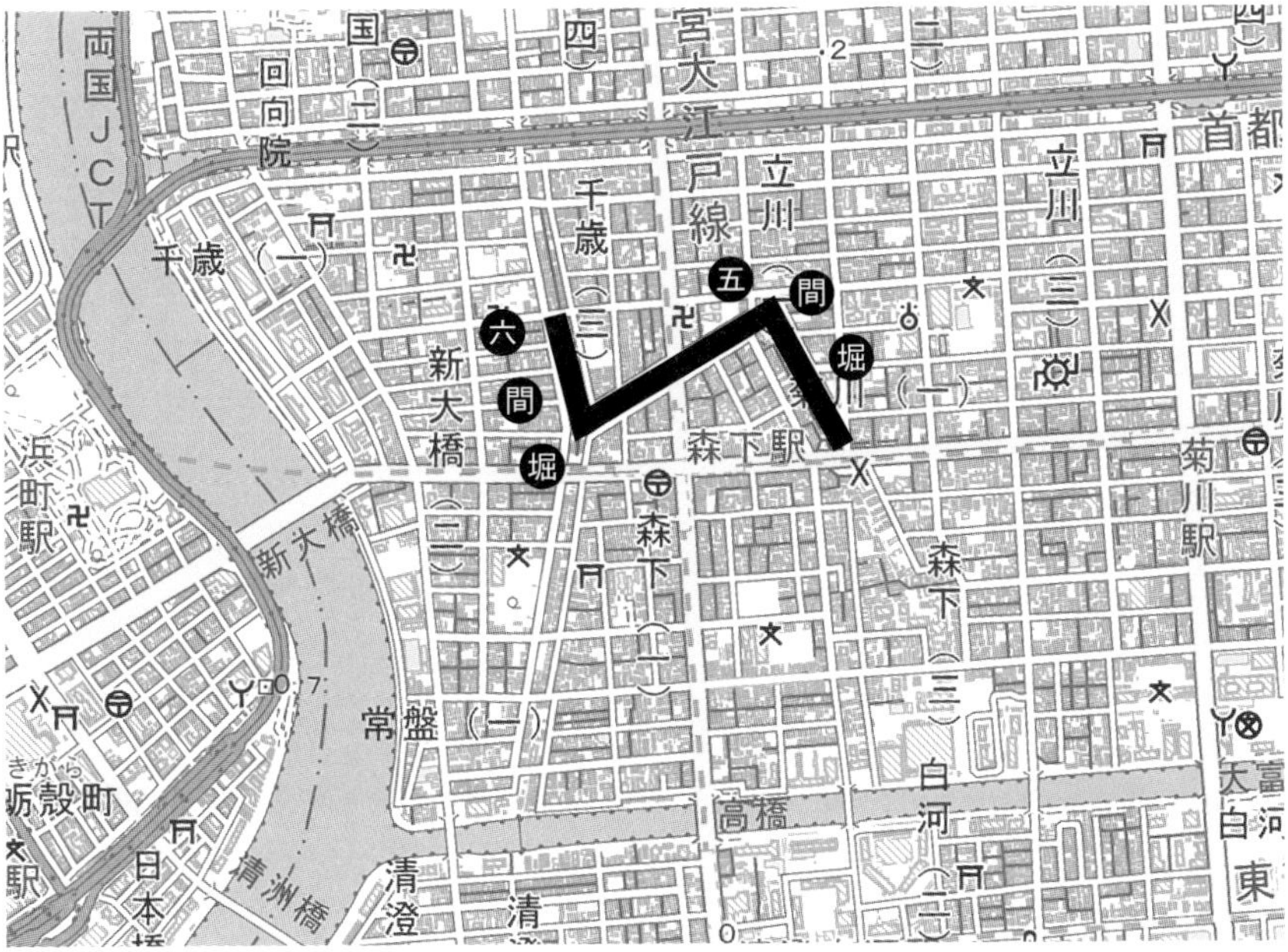

このカクカク区境は、五間堀と六間堀の仕業である（地理院地図）

図表である。

川区境の全体像と各区の「体格」

本数で見ると、23区全体では開渠39本、暗渠70本、合計109本が川区境であるが、これを長さで見ていくと、23区全区の区境（重複を含めた延べ外周）708・3キロのうち、川区境は延べ336・8キロと、区境全体のうちで川区境が47・6パーセントを占めていることがわかった。暗渠の川区境は延べ106・0キロ、延べ外周に占める割合は15・0パーセントである。また、川区境のなかに暗渠が占める割合は31・5パーセントであった。

以下、区ごとの特徴を見ていこう。

開渠・暗渠含めた川区境が最も長いのは、足立区の43・0キロ。2位は10キロ以上の差をつけて31・7キロの葛飾区、3位29・9キロの江戸川区と続く。そもそもこれらはすべて40キロオーバーの外周を誇る「デカい」区たちだ。川区境全体を見渡すと、まずは「体格（外周の大きさ・面積の広さ）」が長さに強く関係していることがわかる。

この「体格」差をいったん取り除き、区境外周に対する

	暗渠	千代田区	中央区	港区	新宿区	文京区	台東区	墨田区	江東区	品川区	目黒区	大田区	世田谷区	渋谷区	中野区	杉並区	豊島区	北区	荒川区	板橋区	練馬区	足立区	葛飾区	江戸川区
1	三田用水			0.1						0.1	1.2		0.5	1.7										
2	千川上水															1.4	1.4	0.8		0.5	1.5			
3	三田用水白金村分水			0.1						0.4	0.4			0.1										
4	藍染川					2.1	2.0										0.5	0.5						
5	玉川上水				0.6								1.7	0.9		1.8								
6	汐留川	1.3	2.0	3.3																				
7	谷端川																2.6	0.9		1.8				
8	和泉川大原笹塚支流（仮）												0.1	0.3		0.2								
9	品川用水									0.6	0.6		0.2											
10	音無川						2.3												2.3					
11	烏山川												0.2			0.2								
12	北沢川												0.1			0.1								
13	龍閑川	1.2	1.2																					
14	浜町川	0.1	0.1																					
15	外堀川	2.2	2.2																					
16	溜池	1.6		1.2																				
17	真田濠	1.0			1.0																			
18	飯田濠	0.3			0.3																			
19	笄川			1.1										1.1										
20	いもり川			0.2										0.2										
21	千川上水葛が谷分水				0.2												0.2							
22	渋谷川				2.0									2.0										
23	和泉川				0.1									0.1										
24	妙正寺川上高田支流				0.3										0.3									
25	妙正寺川上桜ヶ池支流				0.1										0.1									
26	弦巻川					0.5											0.5							
27	思川						1.3												1.3					
28	藍染川蛍沢支流（仮）						0.6												0.6					
29	竪川							0.6	0.6															
30	斉藤堀							0.2	0.2															
31	五間堀							0.5	0.5															
32	鹿島谷川（仮）									0.4		0.4												
33	内川西大井支流（仮）									0.8		0.8												
34	八幡川									0.7		0.7												
35	立会川厳島支流（仮）									0.4	0.4													
36	羅漢寺川									0.6	0.6													
37	九品仏川										1.7		1.7											
38	立会川原町支流（仮）										0.1	0.1												
39	六郷用水の支流											0.5	0.5											
40	丸子川蓬莱公園支流（仮）											0.1	0.1											
41	多摩川せせらぎ公園支流（仮）											0.1	0.1											
42	香川駒沢支流										0.7		0.7											
43	小沢川蛇窪支流（仮）														0.1	0.1								
44	神田川方南南台区境支流（仮）														0.4	0.4								
45	桃園川旧支流														0.1	0.1								
46	桃園川たかはら副支流（仮）														0.0	0.0								
47	桃園川西町天神支流（仮）														0.2	0.2								
48	妙正寺川本村用水路（仮）														0.4	0.4								
49	井草川井草1丁目支流（仮）														0.3	0.3								
50	千川上水区境分水（仮）															0.6					0.6			
51	中丸川																0.1			0.1				
52	エンガ堀																1.0			0.1	1.1			
53	藍染川妙義支流（仮）																0.0	0.0						
54	古隅田川																					5.4	5.4	
55	小岩用水親水さくらかいどう分水（仮）																						0.2	0.2
56	鎌倉4丁目用水（仮）																						0.0	0.0
57	シダックス用水（仮）																						0.1	0.1
58	新小岩西用水（仮）																						0.0	0.0
59	小岩用水																						0.1	0.1
60	東井堀																						0.1	0.1
61	仲井堀																						0.5	0.5
62	小松川境川																						1.7	1.7
63	小松川境川松島用水（仮）																						0.6	0.6
64	水窪川					0.1											0.1							
65	六間堀							0.2	0.2															
66	白子川兎月園支流（仮）																			0.3	0.3			
67	大泉堀																				0.1			
68	白子川旭町2丁目支流（仮）																				0.2			
69	六郷用水の岩戸からの支流												0.5											
70	入谷県境用水（仮）																					1.2		
	暗渠本数	7	4	6	8	3	4	4	4	8	8	7	12	8	9	13	9	4	3	5	6	2	10	9

	開渠	千代田区	中央区	港区	新宿区	文京区	台東区	墨田区	江東区	品川区	目黒区	大田区	世田谷区	渋谷区	中野区	杉並区	豊島区	北区	荒川区	板橋区	練馬区	足立区	葛飾区	江戸川区
1	神田川	2.0	0.6		8.0	5.3	0.6								3.0	1.4	2.2							
2	荒川							3.4	3.7									7.3		5.4		2.7	6.0	4.9
3	隅田川		2.8				4.2	6.3	2.0									5.4	8.1			12.2		
4	旧中川							2.9	2.9															5.7
5	市谷濠	0.3			0.3																			
6	新見附濠	0.5			0.5																			
7	牛込濠	0.7			0.7																			
8	弁慶濠	0.6		0.6																				
9	日本橋川	0.5	0.5																					
10	春海運河		4.0						4.0															
11	天王洲運河			1.1						1.1														
12	善福寺川														0.4	0.4								
13	江古田川														1.0						1.0			
14	妙正寺川				1.2										1.2									
15	北十間川							1.7	1.7															
16	横十間川							1.7	1.7															
17	大横川							0.2	0.2															
18	旧綾瀬川							0.7														0.7		
19	勝島南運河									1.3		1.3												
20	呑川										0.4	0.4												
21	多摩川											18.5	7.3											
22	丸子川の下流支流											0.3	0.3											
23	白子川																			4.4	1.3			
24	綾瀬川																					3.5	0.5	
25	江戸川																						4.4	6.2
26	裏門堰親水水路																					0.7	0.7	
27	古川			0.1										0.1										
28	新河岸川																	1.5		1.5				
29	中川																					4.1	4.1	
30	見沼代用水																					0.1		
31	三味線堀																					0.8		
32	毛長川																					6.0		
33	伝右川																					0.2		
34	垳川																					2.3		
35	芝川																					0.7		
36	新芝川																					2.5		
37	大場川																						2.2	
38	小合溜																						5.1	
39	旧江戸川																							9.8
	開渠本数	6	4	3	5	1	2	7	7	2	1	4	2	1	4	2	1	3	1	3	2	13	7	4
	合計本数	13	8	9	13	4	6	11	11	10	9	11	14	9	13	15	10	7	4	8	8	15	17	13

＊河川名に（仮）とつくものは筆者が便宜上名付けたもの。本数以外の数値はすべて㎞。表では有効数字を小数点第1位として表記しているため、「0.0」と表記されているものは100ｍ未満の川を示す。同じ理由で、表中の数字を足した数値が次ページの合計値と若干ずれているものもある。

東京 23 区の川区境

	開渠本数	暗渠本数	合計本数	暗渠本数シェア(%)	外周全長(km)	川区境全長(km)	開渠(km)	暗渠(km)	外周における川区境含有率(%)	外周における暗渠区境含有率(%)	川区境中での暗渠含有率(%)
千代田区	6	7	13	53.8	16.5	12.3	4.6	7.7	74.3	46.4	62.4
中央区	4	4	8	50.0	14.0	13.4	7.9	5.5	95.4	38.9	40.8
港区	3	6	9	66.7	25.5	7.8	1.8	6.0	30.4	23.3	76.8
新宿区	5	8	13	61.5	29.4	15.2	10.7	4.5	51.8	15.4	29.7
文京区	1	3	4	75.0	21.0	8.0	5.3	2.7	37.9	12.7	33.4
台東区	2	4	6	66.7	19.0	11.0	4.8	6.2	57.9	32.6	56.4
墨田区	7	4	11	36.4	22.4	18.4	16.9	1.5	82.1	6.7	8.2
江東区	7	4	11	36.4	23.0	17.7	16.2	1.5	77.0	6.5	8.5
品川区	2	8	10	80.0	29.0	6.3	2.4	3.9	21.8	13.5	62.0
目黒区	1	8	9	88.9	29.0	6.1	0.4	5.7	21.0	19.7	93.4
大田区	4	7	11	63.6	41.0	23.2	20.5	2.7	56.5	6.5	11.5
世田谷区	2	12	14	85.7	56.0	14.0	7.6	6.4	25.0	11.4	45.7
渋谷区	1	8	9	88.9	23.5	6.5	0.1	6.4	27.4	27.0	98.4
中野区	4	9	13	69.2	31.0	7.5	5.6	1.9	24.1	6.0	24.8
杉並区	2	13	15	86.7	34.0	7.6	1.8	5.8	22.3	17.0	76.2
豊島区	1	9	10	90.0	28.0	8.5	2.2	6.3	30.5	22.6	74.2
北区	3	4	7	57.1	33.0	16.4	14.2	2.2	49.6	6.6	13.3
荒川区	1	3	4	75.0	21.0	12.3	8.1	4.2	58.6	20.0	34.1
板橋区	3	5	8	62.5	36.0	14.1	11.3	2.8	39.2	7.8	19.9
練馬区	2	6	8	75.0	46.0	6.1	2.3	3.8	13.3	8.3	62.3
足立区	13	2	15	13.3	48.0	43.0	36.5	6.6	89.6	13.7	15.3
葛飾区	7	10	17	58.8	42.0	31.7	23.0	8.7	75.5	20.8	27.5
江戸川区	4	9	13	69.2	40.0	29.9	26.6	3.3	74.8	8.3	11.1
23区合計	39	70	109	64.2	708.3	336.8	230.8	106.0	47.6	15.0	31.5

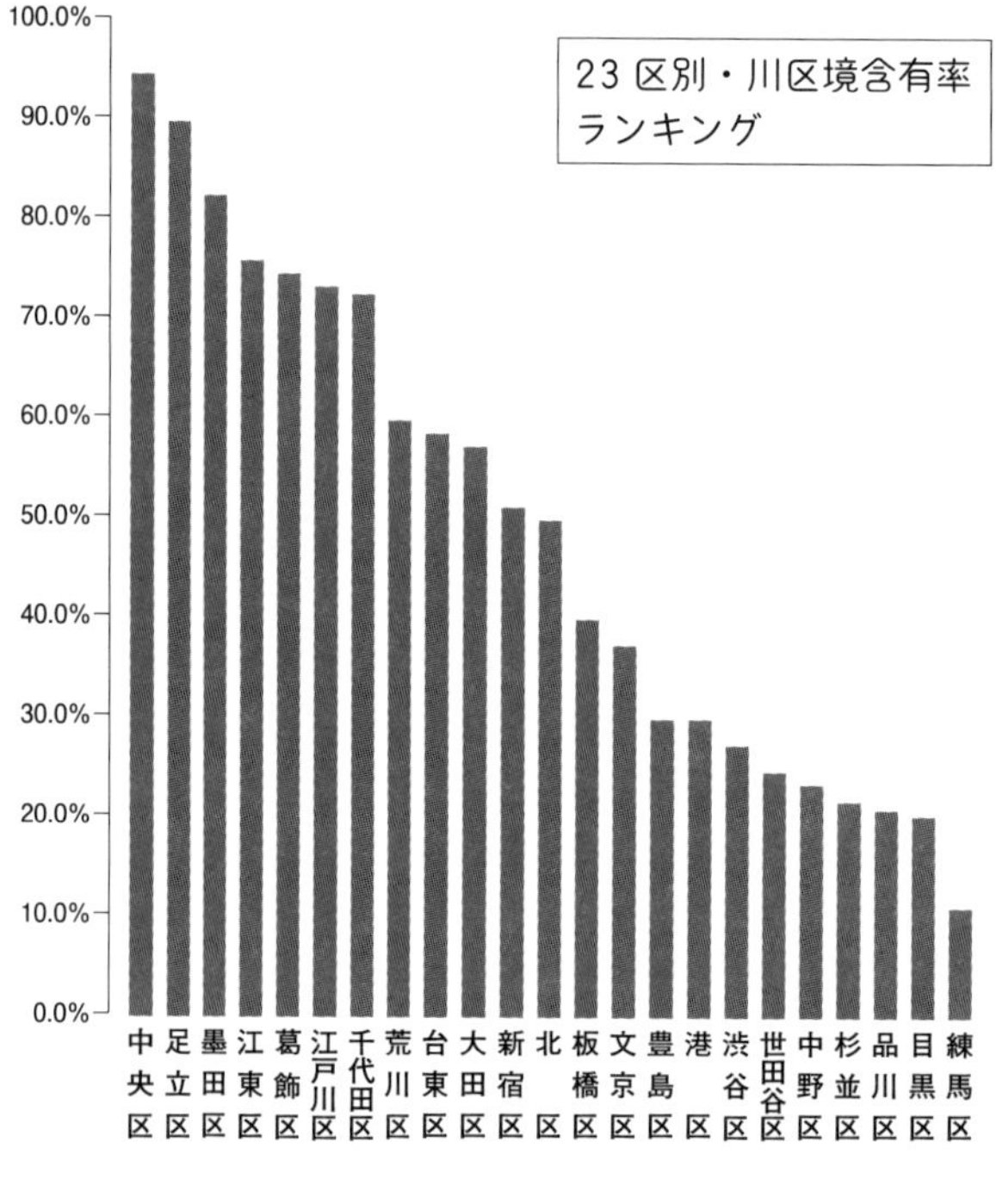

川区境の割合（「川区境含有率」と呼ぶ）で比較してみる。

1位は中央区だが、以下、足立区、墨田区、江東区、葛飾区、江戸川区と続く。先に足立区、葛飾区、江戸川区らの「恵まれた体格」を話題にしたが、川区境の含有率においても、これらの実力を誇示する結果となった。いずれも

23区の東部低地に位置し、江戸川、旧江戸川、中川、荒川、隅田川といった開渠の「大河」を通して埼玉方面から豊かに水が流れ込む東京の水郷地帯である。

一方、1位となった中央区は、23区で最も外周が短い区だ。開渠である神田川、日本橋川、隅田川、春海運河、そして暗渠の浜町川、龍閑川、外堀川、汐留川らに囲まれており、これらすべてで外周の95・4パーセントを占める。川区境でないのは浜町川と神田川を結ぶわずか700メートル強の区間だけ、という驚異的な状況だ。これは23区で最もコンパクトな体格だからこそなせる軽業であろう。

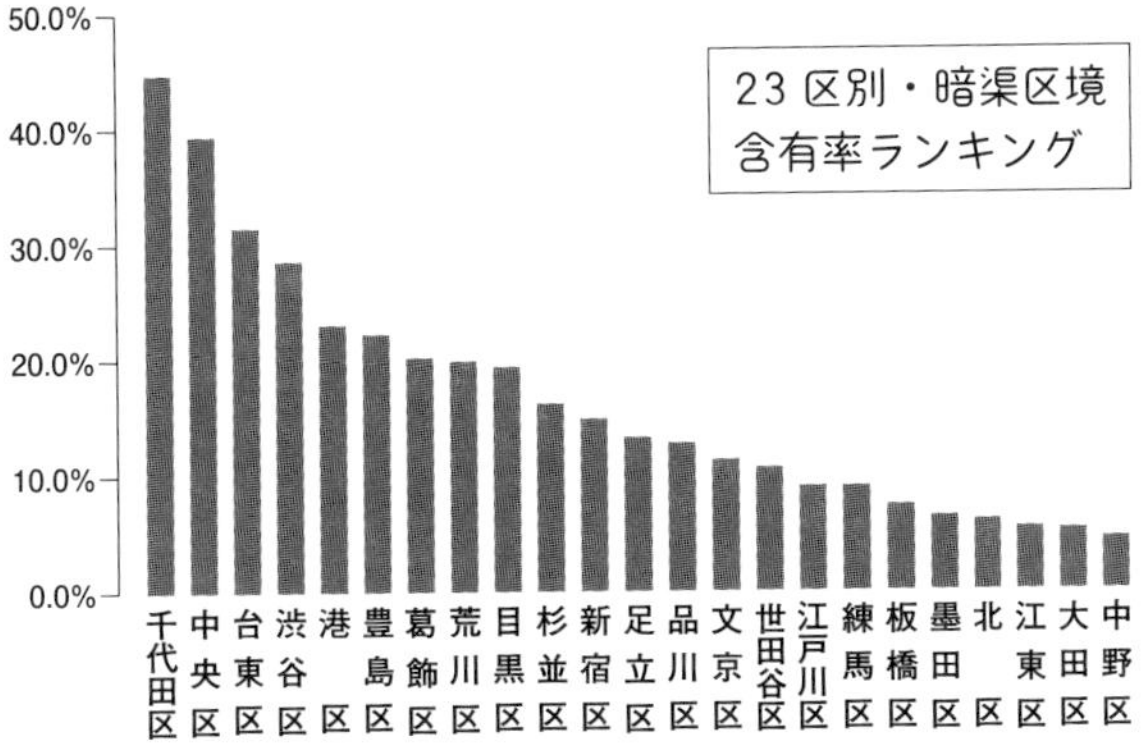

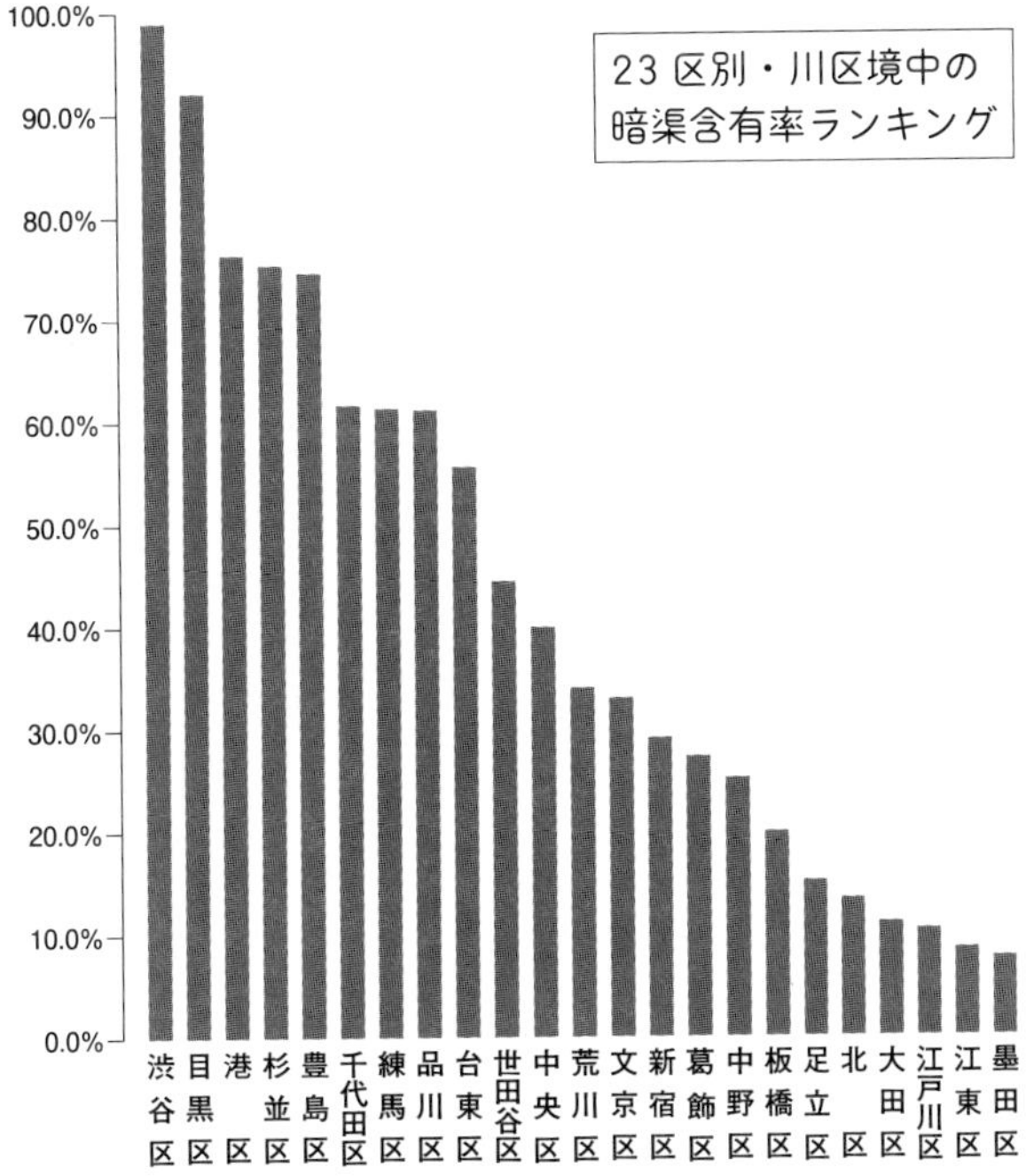

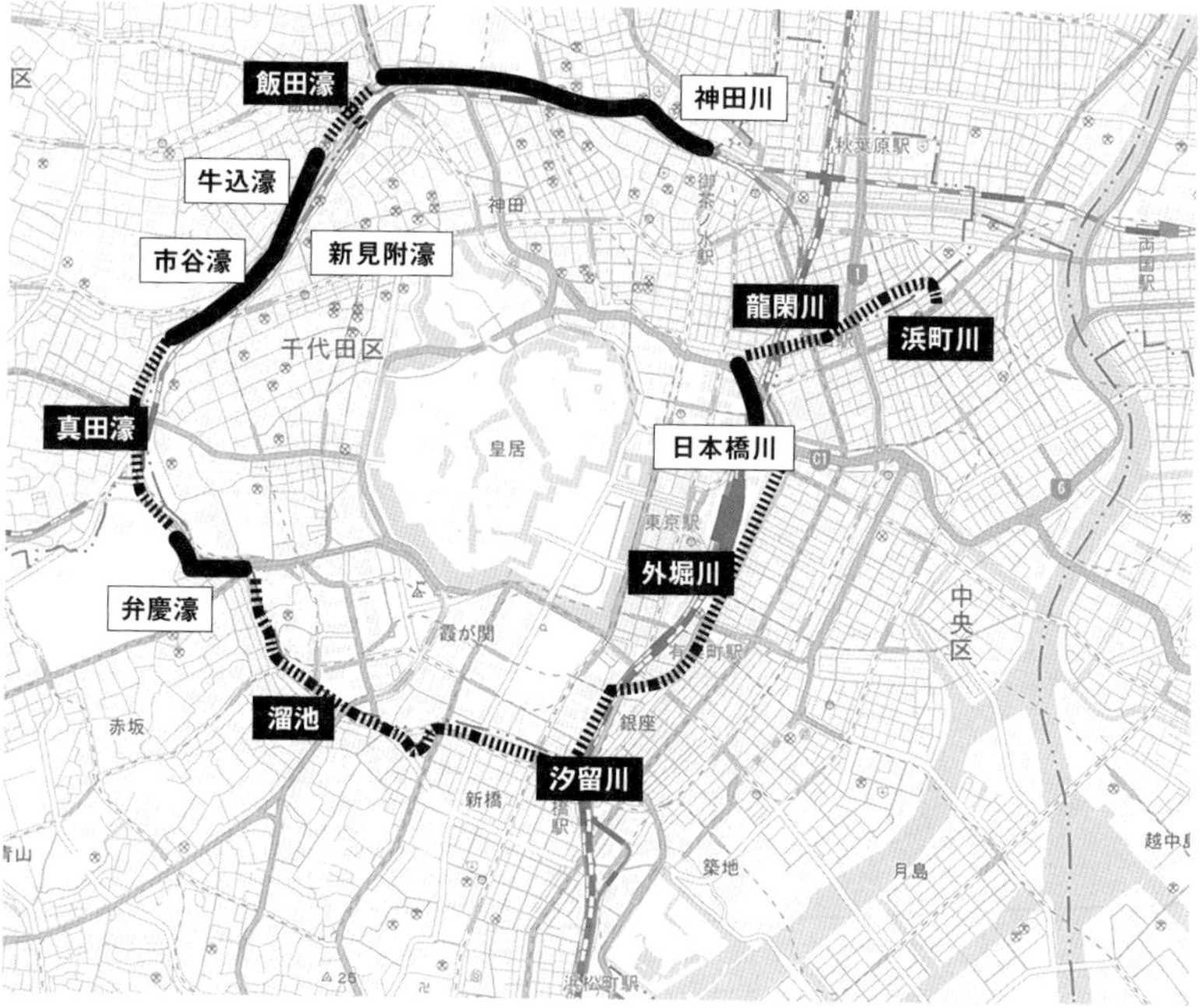

暗渠区境含有率1位の千代田区の川区境状況。実線は開渠、点線は暗渠を表す。細長い「溜池」は川同様にカウントした（地理院地図）

暗渠「含有率」に着目せよ

続いて、区境外周に対する暗渠の川区境の割合を示す「暗渠区境含有率」を見ていこう。暗渠目線で区境を見るときに最も重要な、23区の暗渠的評価を大きく左右する指標である。

1位は千代田区（46・4パーセント）。2位、中央区（38・9パーセント）。3位が台東区（32・6パーセント）。以下4位渋谷区、5位港区となっている。先のランキング上位に位置した中央区を除き、他は新しい顔ぶれである。

上位の千代田区をさらにひもといてみる。浜町川、龍閑川、外堀川は隣接する中央区との「共有財産」だ。加えて、港区・新宿区との区境となる汐留川、溜池、真田濠、飯田濠の4本が暗渠区境をなしている。

これに続く中央区、台東区は、暗渠区境の本数でいえば決して多いほうではないが、比較的長い距離の暗渠区境を有している。さらに、いずれも外周20キロ未満というコンパクトさが高い暗渠区境含有率に貢献しているのだろう。

最後はさらにフォーカスを絞り、川区境の中で暗渠区境が占める割合、すなわち「川区境中の暗渠含有率」のランキングである。

1位は渋谷区（98・4パーセント）、2位は目黒区（93・4パーセント）。渋谷区は古川、目黒区は呑川の、わずかな区間だけが開渠の川区境で、川区境のほとんどが暗渠で構成されている、類まれなる「暗渠純度」を誇る区である。

以下、3位港区、4位杉並区、5位豊島区と、いずれも西側に位置し、川区境全体で見たときは「東高西低」であった東側勢（足立区、葛飾区、江戸川区など）はすっかり鳴りを潜める。そればかりか、「暗渠純度」で見れば、「西高東低」と逆の結果が出てくるのが、なんとも面白いではないか。

区境における暗渠たちの仕事ぶりに、改めて敬意を表したい。

計測データの基となった「川区境マイマップ」は、ウェブ上で公開している。散らかった作業机をお見せするようで恥ずかしいが、もしご興味があれば覗いてみていただきたい。

【参考文献】
菅原健二『川の地図辞典——江戸・東京／23区編』之潮、２００７年
竹内正浩『水系と3Dイラストでたどる東京地形散歩』宝島社、２０１６年
法政大学エコ地域デザイン研究所『外濠——江戸東京の水回廊』鹿島出版会、２０１２年
ウェブサイト「江戸東京旧水路ラボ 本所支部」

全身で暗渠を感じるための定性データ

吉村　生

ひとつの暗渠について、より詳細に知りたいという欲望に囚《とら》われている。「全長何キロ」よりも「幅何メートル、水深何センチ」が知りたい。水がきれいだった頃にはどんな魚がいただろう。その魚をとらえて食べる時はどのような調理法だろう。水が汚れていた頃、それはどんな色だっただろう。ドブ川に落ちた人からは、どんなにおいがしただろう。

地元の人が紡ぐ記憶に触れ、暗渠のかつての姿を、できるだけ細かく描いてみること。それがわたしの、暗渠への関わり方のひとつである。

川面にただようさまざまな音

ドーンドーン。太鼓の音。6月末と大みそかには、鐵砲洲稲荷《てっぽうずいなり》から厄払いの舟が築地川(中央区築地)にやってくる。舟は太鼓を打ち鳴らし、それに応じ地元の人は橋の上から厄払いの人形《ひとがた》を舟に落とし、海に流して厄を払ってもらう、という風習があった。

1932年4月に撮影された、京橋川の大根河岸。建物の下にある穴のようなものは、舟が接岸し荷揚げを行うためのもの（朝日新聞社提供）

右の写真のように、かつて存在していた京橋川は埋められ、現在は高速道路の下となっている。よく見ると、このようにビルの名前に名残がある

ドンドン。これはよく耳にする表現。俗称〝ドンドン橋〟という橋のなんと多いことか。前谷津川の亀ヶ橋（板橋区赤塚）も、ドンドン橋と呼ばれていた。付近の河床に段差があり、水量によりドンドンという音がしたのだそうだ。

京橋川の大根河岸（中央区京橋）は、早朝からざわついている。舟をこぐ音、リヤカー、大八車の音。野菜を運ぶ人たちのかけ声に怒鳴り声。セリの声。川岸に住む子どもにとっては目覚まし代わりの音だった。

ポンポン、ポンポン。銀座の川にはさまざまな物資がゆきかう。穀物、石炭、木炭、魚類、野菜類、汚《お》わい。運ぶのは、新式、旧式、さまざまな舟。中でもよく出てくるのが、ポンポン蒸気の舟。いつまでも見飽きなかったという。

ギィー、ギィー。曳舟《ひきふね》川（葛飾区から墨田区にかけて）は、サッパコという舟を陸から人が曳いたことが名の由来。その舟はタクシーのように使われたが、より風流なもので、客は茶屋で買った酒肴とともに、おしゃべりに興じていた。

ゴオゴオ。数寄屋橋（中央区銀座）の下の川底には御影石《みかげいし》が敷き

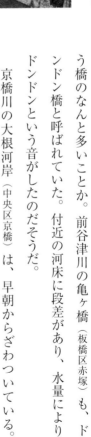

板橋区を流れていた出井川は、工場排水でたちまち汚れた川となった（朝日新聞社提供）

詰めてあり、ゴオゴオと音を立ててきれいな水が流れていた、という。それで、界隈《かいわい》の人は「数寄屋橋のゴオゴオ」と呼んでいた。

三味線の音色。汐留川（中央区銀座）と築地川には、舟による「新内流し」が来ていたそうだ。二人一組の、三味線の流しだ。竹竿の先にかごがついていて、そこに支払う。「おーい」と言うと1曲披露してくれる。

ゲェロ、ゲロ。これは川にはつきもの、カエルの声。出井川（板橋区前野町）では、夏はカエルの声でうるさいほどであったとか。藍染川《あいぞめ》（台東区谷中）のカエルの声は、逆に夕暮れ時のさみしさを強調するものとして描かれる。

ざぶざぶ、水泳の音。１９４９（昭和24）～１９５０年頃、中央区役所の前あたりには、水泳場が並んでいた。釣り師の影も数多くあった。男の子たちがよく泳いでいたそうだ。

ドボン！　上水では、本当は泳いではいけないが、新宿の玉川上水では、子どもたちが巡査の目を盗んでよく飛び込んだ。泳いでいると怒られるが、逃げられるので恐ろしくはなかった、と地元の人はいう。大雨時、玉川上水は赤い濁流となる。その流れに飛び込み、潜ったり、浮かび上がったりし、今でいうドヤ顔で得意がっていた子どももいたという。

ざぶざぶ、バシャバシャ、大声で叫びあう音。水中大乱闘事件が、ごくたまに起きていた。横浜では、菊名駅近くの菊名川（港北区篠原北）に転落した暴行犯を神奈川署員が助けながら検挙している。桃園川（杉並区阿佐谷北）ではヤミ米販売の犯人と巡査。今ではまったく、見られないだろう光景である。

川のほとりで嗅ぐにおい

野菜のにおい。京橋川の大根河岸には、毎日野菜くずがいっぱいあったという。ダイコンの入荷がとくに多いため、大根河岸というくらいであったから、ダイコンのにおいもしたろうか。ただし12月半ばだけは、門松のにおいとなる。もちろんそれも、舟が運んでくる。舟に積まれた山のような松が、京橋川沿いの人たちにとっての正月のはじまりだった。馬が野菜を運ぶので、馬の糞も落ちていた。野菜にまじって、そんなにおいもしたのかもしれない。とても力強い、生命のにおいといえる。

磯くささ。といっても浜辺でにおうそれよりも、築地川のものは柔らかい磯くささ。川べりにいると、どこからともなく漂ってくることがあったという。

ガスのにおい。メタンガスが出ていたということだろうか。汚れきった時代の出井川は、とても「くさい」とだけ書かれたものが多い。ガスのにおいそっくりの悪臭を伴っていたのだそうだ。

水面の色あい

黄色や赤や黒。出井川のほとりに建つ工場が流す化学薬品の廃液で、川の水の色は一日に5度は変わる。それで、5色の川などと言われていたそうだ。板橋区の工場に隣接する川たちはそんなふうに、さまざまに色が変わる川として描かれる。7色の川、というバージョンもある。

色とりどり。藍染川沿いの染工場（文京区千駄木）が、よく色水を川に流していたという。リボン工場の排水で色がついたという語りもある。松庵川（杉並区宮前）の近くにも化学工場があり、青い色水が流れていた、と地元の人が教えてくれた。柴又用水および分水（葛飾区柴又）にも、四つの染色工場の排水が流されたが、こちらは比較的きれいな水だったとか。

黒。お歯黒ドブは、吉原遊郭を囲う水路（台東区千束）として有名だ。しかし吉原以外のドブでも、ひいては、遊郭ではないただの街のドブでも、お歯黒ドブと呼ばれるケースがある。例えば、墨田区の向島地区のドブも、お歯黒ドブと新聞に書かれている。滝田ゆうの、「おはぐろどぶ」に父親が落ちた話もそうだ。曳舟川についても、土地の人が「おはぐろドブ」と呼んでいた、という記述が残る。それだけ黒かった、ということなのだろう。曳舟川の黒さは、早乙女勝元の記述「メタンガスのわくまっくろなドブ川」にも表れ

小名木川駅ドックに舟がつくところ。後方に水面がみえる。かつては新米到着が秋の風物詩であった。今はドックも小名木川駅もなく、商業施設と駐車場だ（「朝日新聞」1940年10月2日付）

昭和初期の小名木川駅ドック（東京時層地図）

ている。それと、揺らぐ藻が透けるほどの清流と描写される時代との対比の鴻大《こうだい》さよ。おそらくは、多くの都市河川がたどった運命なのだろうけれど。

埋められる直前の小名木川駅ドック（江東区北砂）の水は、薄墨色で、トロリとしていたそうだ。汚濁のどん底ということでは同じなのに、メタンガスのサイダー感と、トロリの片栗粉感の違いは、はてさてどこからくるのだろうか。

白。荒川区の藍染川（荒川区西日暮里）は、夜になると川面が白く見えたという。そのため、道と間違えて落ちてしまった人もいるとか。暗闇に白くぼうっと浮き上がる川とはまた、幻想的だ。

黄金色。1955（昭和30）年6月。杉並区浜田山あたりの神田川あげ堀の用水路に、たびたび屎尿《しにょう》が棄てられるという事件が起きた。その水が流れ込んだ養魚場では、コイが何百匹も死んだという。黄金色、と描写されるそれは、実際はゴールドではなさそうではあるけれど。

川に流れてくるもの

プカプカしょうが。谷《や》田《た》川・藍染川流域では、谷中ショウガが穫《と》れた。それで、谷中ショウガの売り物にならないものが、川を流れてきたという。谷田川・藍染川沿いには田畑が広がり、洗い場がいくつもあり、農家の人がネギなどを洗っていた。そこで不要とされたショウガなのだろう。根津あたりの子どもはそれを拾って、刻んでおままごとに使ったそうだ。

野菜は、流れたくて流れているわけではない。曳舟川（墨田区八広付近）では、川が溢《あふ》れるたび、八百屋の野菜を載せる箱がひっくり返ってしまう。洪水になると、ダイコン、ナス、カボチャなどが、水の上に浮かんでいたという。

銭湯の排水が流され、湯気が立ち上っていたという話はとても好きだ。松庵川支流（杉並区西荻南）沿いにあったお蕎麦屋さんに話を聞いたら、ちょうど店舗の敷地を支流が

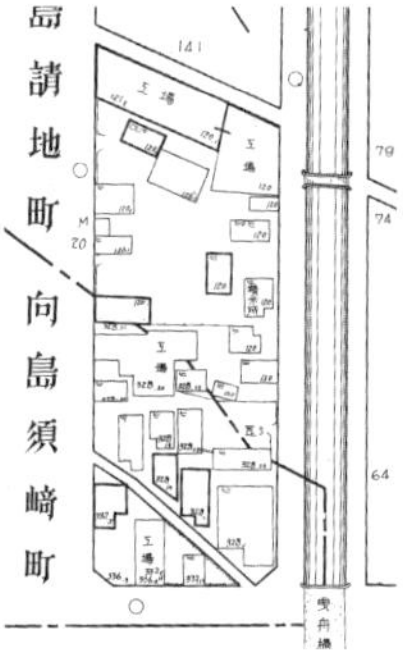

右／曳舟駅付近の曳舟川。現在はまっすぐな車道であり、言われなければ川跡とはわかるまい。さまざまな顔を人びとに見せてきた川だ
左／1953年の火災保険特殊地図（都市製図社）に載る曳舟川。現在の向島4丁目あたり

通っていて、蕎麦を茹《ゆ》でた排水も流していた、という。その昔、ドブから立ち上っていたモクモクは、お風呂の湯気でもあれば、蕎麦湯の湯気でもあったということか。

落ちる人。川に人は落ちるものだ。まったくのアクシデントで落ちる人もいれば、子どもどうしで度胸試しをした結果、落ちてしまうこともある。落ちるとだいたいは、汚いし痛い。松庵川では、自転車ごと落ちた人の話。北割下水（墨田区本所）では、馬が落ちた話。1921（大正10）年頃の冬、習志野へ演習に行く麻布三連隊の馬が逃げ出して、北割下水に落ちてしまった。地元の人と兵隊でともに馬を引っ張り上げたという。曳舟川（墨田区東向島）には、小型タクシーが客二人を乗せたまま川に飛び込んだこともあった。

見えてきますか……？　かつての川面、そしてそのほとりにあった、さまざまな営みが。

【主要参考文献】

いたばし町博友の会『郷土 板橋の橋』1998年
岩田忠利著・とうよこ沿線編集室編『わが町の昔と今3　写真集』2001年
早乙女勝元『下町の故郷』文理書院、1957年
墨田区企画経営室広報広聴担当企画編集『すみだ区民が語る昭和生活史』1991年
「墨田区民新聞」1965年2月13日付、1967年8月12日付
滝田ゆう『寺島町奇譚――傑作選』復刊ドットコム、2018年
東京都新宿区立図書館『豊多摩郡の内藤新宿』1968年
森まゆみ『不思議の町・根津――ひっそりした都市空間』ちくま文庫、1997年

島田の街のGDA

【静岡県島田市】

髙山英男

はじめて降り立つ島田の地

「地球上でもっとも緑茶を愛する街」

ＪＲ東海道線島田駅に初めて降り立ったとき、こう書かれた構内看板が目に入った。言わずと知れたお茶所、静岡県。その中でもトップクラスの生産量を誇るのがここ、島田市なのだそうだ。東海道五十三次最大の難所である大井川左岸に位置する島田宿を中心に形作られたこの街は、当時、橋も舟もない大井川が増水すれば、旅人は何泊も足止めを食らい、その間に彼らが落とすお金でたいそうな賑わいを見せたという。

ＪＲ島田駅北口の階段にかかる「島田市緑茶化計画」看板。大きく出たもんだが、嫌いじゃないぞ、こういうの

しかし、現在の駅前は贔屓目《ひいきめ》に見ても活気あふれる街とは言いがたく、気候のいい休日だというのに、すれ違う人もクルマもまばらだなあ、というのが第一印象だった。

人づてに、島田市に住む山岸さんという若者から相談をいただいたのは、そのひと月前のこと。山岸さんは、所属する地域の団体で、地元の人に島田の魅力を再発見してもらいたいとあれこれ考えており、「暗渠がそのきっかけになりはしないか」と思っているとのことだった。その着眼点の素敵さに、我々は二つ返事で協力を約束し、これまでの人生でまったく接点のなかったこの地に、取材のために初めて訪れてみたというわけだ。

島田の川の三つの魅力

1泊2日かけて現地に浸り、以下のようなことがわかった。

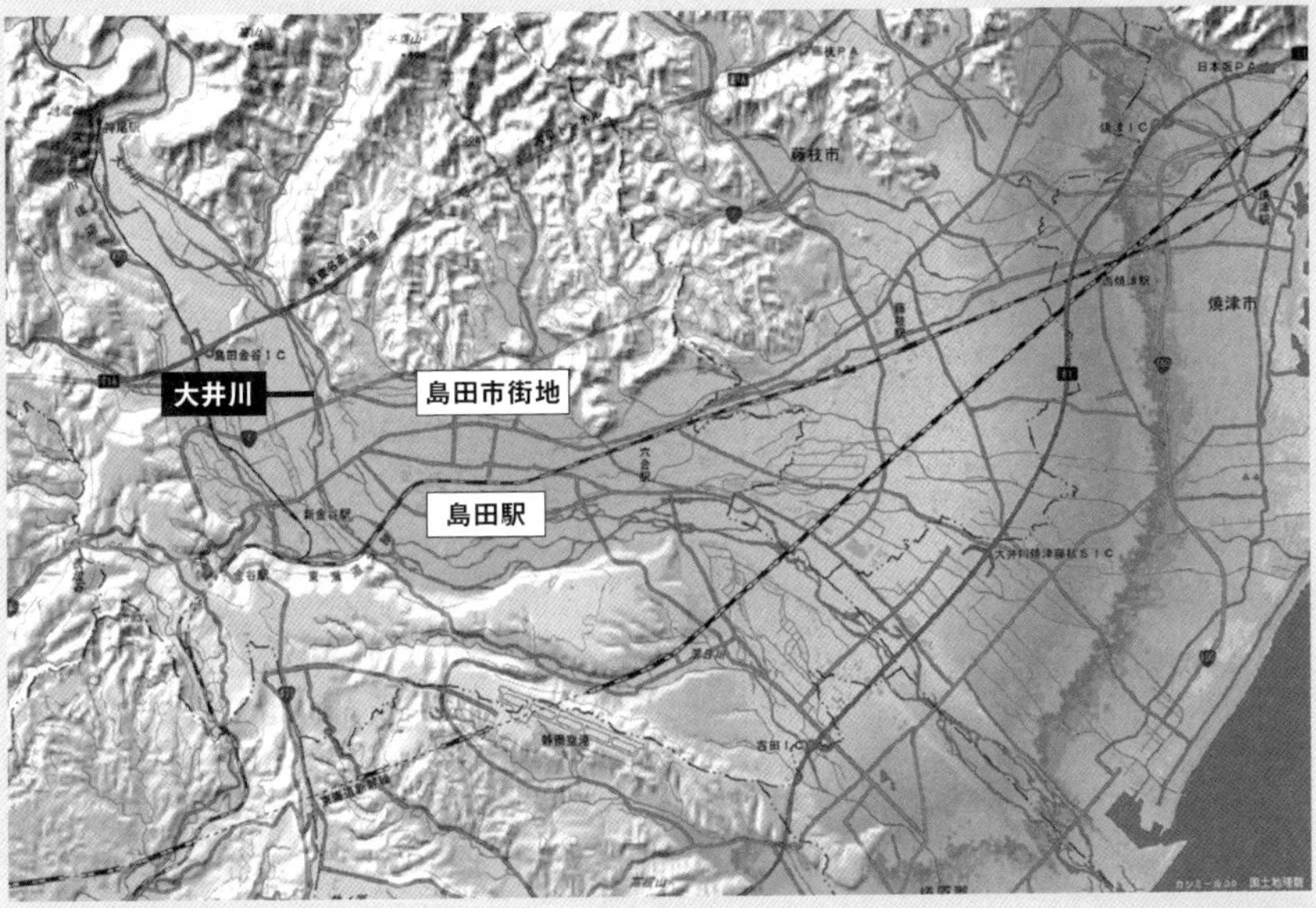

大井川が作る扇状地の始まりに位置する島田市。島田宿は左岸だが、2005年に右岸の金谷町と合併し、島田市は大井川の両岸にわたる（「カシミール３Ｄ」から作図）

大井川がつくる扇状地の要部分にあたる島田は、砂礫が堆積してできた平野で、「ザル田」と呼ばれるほど水もちが悪い。島田の治水の歴史は、氾濫を繰り返す大井川、つまり押し寄せる水と、このザル田、つまり逃げていく水との闘いの歴史でもある。

図書館の郷土資料コーナーでわずかな時間調べるだけでも、このような近世以降の数々の水史実がざくざく出てくるのに驚いた。この歴史が、島田の水景色に深みを与えているはずだ。

またこのザル田を灌漑《かんがい》するために、市内には中溝川・宮川・問屋川の三つの川が引かれており、それぞれさらに細かに分流されている。都市化・宅地化が進んだ現在はそれらの多くが暗渠化されているが、一度足元にある暗渠の存在に気づけば、市内至るところに張り巡らされた水路のネットワークが、毛細血管のように浮かび上がってくる。

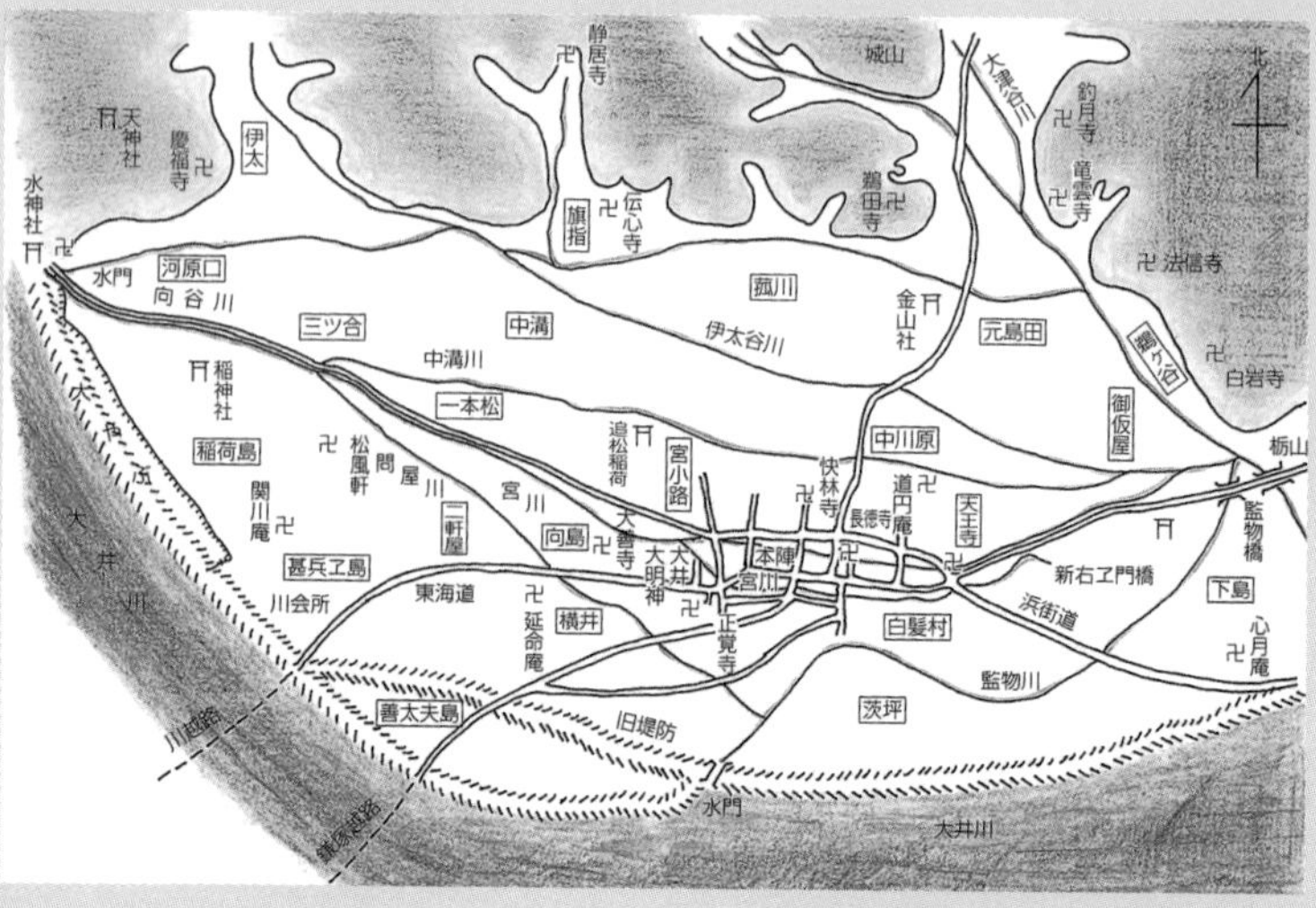

江戸時代末期の灌漑用水路（『わたしたちの島田市』〈島田市教育委員会発行〉より）。大井川から中溝川、宮川、問屋川の３筋に分かれる市内の川。現代の地図とつき合わせ、どう流れているか推理するのも愉しい

市内の至る所にあるグレーチング（格子状の蓋）。微妙に周囲と違う道路テクスチャーとともにこれがあったら、そこは間違いなく暗渠

そんな密なネットワークを追っていくと、我がもの顔で道路を横切るもの、美しく優雅なカーブを描くもの、お茶所を誇るように緑色に着彩されたものなどなど、市内のあちこちで開渠・暗渠含めた水景観のバリエーションを愉しむことができる。

すなわち島田は、暗渠の愉しみ「うつろい」「つながり」「たたずまい」の三拍子がすべて揃った暗渠的名所なのであった。

「シビックプライド」を呼び起こす暗渠

その3カ月後、山岸さんが営む駅前のお店を使って「アンキョマチアルキinシマダ」と題するイベントを実施。我々のトークのほか、水路沿いにあることぶき染工所、暗渠沿いの造り酒屋・大村屋酒造場、そして水路に囲まれた大井神社の方々へのインタビューを交えた暗渠ウォーク、さらに本編終了後は、暗渠沿いの角

やわらかなカーブを描く暗渠は市内あちこちで見ることができる。まるで川と道が共存しているようだ

「地球上でもっとも緑茶を愛する街」だけあって、暗渠蓋が緑色の場所も

打ち酒場で暗渠飲みという、暗渠まみれのプログラムを用意した。

地元の方々を中心に集まった約30名の皆さんからは、「いつもの街で冒険ができるとは」「もっとこの地を自慢したくなった」などのうれしいご感想を頂戴した。まさにこれこそ「シビックプライド」、土地に対して住民が感じる誇りではないか。GDP（Gross Domestic Product）などの経済指標では測れない価値が、ここにたしかに存在している。島田市のGDA（Gross Domestic Ankyo）の高さに、市民自身が気付き始めた瞬間だ。

いつか、駅構内の看板が「地球上でもっとも暗渠を愛する街」と書き換えられる日がくる、かもしれない。

ことぶき染工所横を流れる水は大井川同様白濁。地球科学者の尾方隆幸博士によれば、「川が健全に土を削っている証拠」とのこと

打ち上げは山田酒店で。島田の水を使った大村屋酒造場のイチオシ酒が味わえる

【参考文献】
経営管理部統計調査課「静岡県推計人口」2019年
静岡県小笠社会科研究会編『水と人のくらし 学習編 ため池・大井川用水』1987年
静岡地理教育研究会編『よみがえれ大井川――その変貌と住民』古今書院、1989年
農林水産省大臣官房統計部「農林水産統計」2019年
ふじのくに静岡県公式ホームページ「静岡県茶業の現状」2019年

第5章 猫と暗渠

暗渠と猫は、
永遠のなかよし。

猫は暗渠サインたりうるか
――「ニャン渠」に関する一考察

髙山英男

「猫も暗渠サインではないのですか?」

「暗渠サイン」とは、要するに「それがあると、そばに暗渠があるかもしれない」という暗渠の存在を匂わす物件のことだ。暗渠仲間の間で、いつしかそれを「暗渠サイン」と呼ぶようになり、多くの仲間の協力を得てまとめたのが「暗渠サインランキングチャート」(序章・12ページ)である。

これを世に出した後も、「城址もそうなのでは?」などのご意見、ご提案をいただいては、地味に修正を繰り返してきた。事ほど左様にこのチャートは決して完璧なものではなく、これ以外にも暗渠サインと考えることができるものはまだまだあると思っている。

そんな中、最も多くいただくのが、「猫も暗渠サインと言えるのでは?」というご意見だ。

たしかに猫は暗渠でよく見かける。クルマの往来がないどころか、人通りさえ少ない暗渠は、猫にとって安心して昼寝のできる居心地のいい場所であろう。私自身も猫が大好きだから、暗渠に猫を見つければ「ニャン渠!」と称して、ことさら愛でたりしている。しかし、「猫」を暗渠サインとすることにはずっと違和感を抱いており、ついぞ「暗渠サインランキングチャート」には追加せずにいたのである。

なんだろうこの違和感は……。他にも暗渠でよく見る風景やアイテムとして、「積まれて置かれたビールケース」、「ゴミ置き場」や「放置された粗大ゴミ」、「自分ちの庭み

人口より猫が多いのでは、とまで言われる瀬戸内海に浮かぶ香川県佐柳島では、あちこちで「ニャン渠」を見ることができる

石神井川の支流貫井川の「ビールケース暗渠」。隣が酒屋さんなので、ここは置き方が整っているが、粗大ゴミのように数個ごろっと転がっている場合も多い

たいにして並べられる植木鉢」、「暗渠上にはみ出して干される洗濯物」などが報告されているが、これらにも猫と同じ「暗渠サインとは言えないのではないか」感を抱いている。

この違和感の正体は何か。自分の頭の整理も兼ねて「猫も暗渠サインではないのか」問題について、ここで決着をつけたいと思うのである。

上／那覇市・ガーブ川の上流の暗渠。行き場を失ってここにたどり着いた粗大ゴミたちが、安息のため息を吐いているようだ
中／いわゆる「路上園芸」が盛んな、川崎市中原区、多摩川すぐ横の暗渠
下／そよぐ風に洗濯物が揺れる名古屋市中井筋暗渠は、岸辺のみなさんのコミュニティ空間

動産と不動産の間の溝

私がこれまで「車止め」などを暗渠サインとし、「猫」をそうしなかった最も直感的な理由は、「動産か不動産か」だったように思う。

現在、暗渠サインとしているものは、その土地から動かそうと思ってもおいそれとは動かせないものばかり、つまり不動産ばかりである。橋跡しかり、銭湯しかり……。

一方、猫は、二つに分けるとするなら（こういう言い方はあまりしないだろうが）動産だ。移動させることはたやすいばかりか、自分の意思で暗渠にいたりいなかったりするくらいの「積極的な動産」である。そして、先ほど違和感の対象として挙げた「ビールケース」や「粗大ゴミ」、「植木鉢」や「洗濯物」も、すべてが動産ではないか。

しかし、これでは、「動産か不動産か」を分類しているだけで、「なぜ動産だとダメなのか」の理由を語っていない。もう一歩深く考えねばならない。

「だから・なぜならば関係」で検証

そこで、私の本業でもよく使っている「だから・なぜならば関係フレームワーク」を使ってみることにしよう。これは、AとBとの間に「Aである。だからBだ」という関係と、「Bである。なぜならばAだから」という関係が同時に成り立つかどうかを確認するフレームワークで、話が論理的かどうかをチェックするモノサシのひとつである。

暗渠サインとは、昔、そこに川があったことを物語る物件たちだ。このフレームワークに、確実な暗渠サインである「橋跡」を当てはめてみると、「昔、川だった（A）。だから橋跡がある（B）」かつ「橋跡がある（B）。なぜならば昔、川だったから（A）」となり、両者にはしっかりと「だから・なぜならば関係」が成り立っていることがわかる。

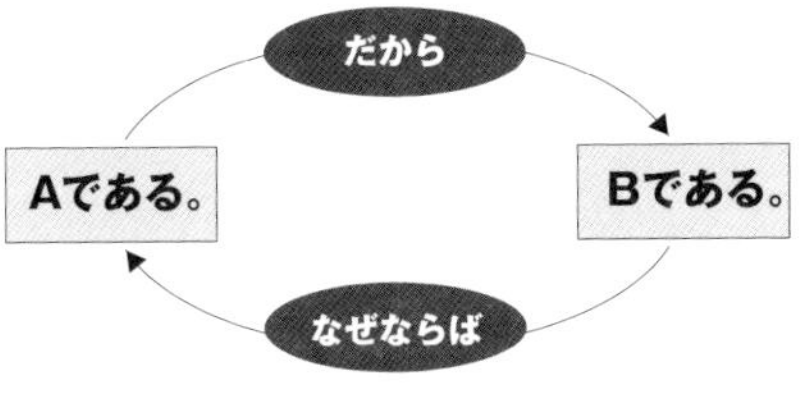

「だから・なぜならば関係フレームワーク」

この関係は、Bを「排水の便のよい銭湯」や「広い土地が一括して手に入れやすかった自動車教習所」などに差し替えてみても、無理なく成立する。

では、Bに「猫」を入れてみよう。

「昔、川だった（A）。だから猫がいる（B）」

「猫がいる（B）。なぜならば昔、川だったから（A）」

続いて、「粗大ゴミ」を入れる。

「昔、川だった（A）。だから粗大ゴミがある（B）」

「粗大ゴミがある（B）。なぜならば昔、川だったから（A）」

ほら、論理的でないことが一目瞭然だ。そうなのだ。「橋跡」など、暗渠サインと呼んでいるものはみな「川だったことと因果関係がある」のに対し、「猫」や「粗大ゴミ」は「川だったこととは因果関係がない」のだ。

私がこれまでもやもやと抱えていた違和感は、「だから・なぜならば関係」を用いることで一気に解消することとなった。

さらに、不動産か動産なのか曖昧な「（防火用具や清掃用具などの）公共倉庫」の位置づけについてもかねてから

京都市右京区太秦付近の暗渠にある公共倉庫。防災品が蓋暗渠の上に蓄えられている

迷っていたが、これも「昔、川だった（A）。だから公共倉庫がある（B）」「公共倉庫がある（B）。なぜならば昔、川だったからだ（A）」と当てはめてみれば、「暗渠サインとは言えない」と堂々と断言することができる。

「まえぶれ」としての暗渠サイン

そもそも「サイン（sign）」とは、三省堂ウェブディクショナリーによれば「符号、記号、合図」のことであり、研究社『新英和中辞典』では「1（数学・音楽などの）符号、記号 2 信号、合図、手まね、身振り」などに続いて4番目に「あらわれ、徴候、前兆」と書かれている。そう、暗渠サインとはそもそも「暗渠があるよ」というまえぶれとして、徴候として、機能すべきものなのだ。

暗渠探しのプロセスを、

❶「どこだどこだ？」と探索する段階
❷「ここかもしれない」と発見する段階
❸「ここに違いない」と確信する段階

の3段階に分けるならば、まずは①の探索段階で、ヒントとしての暗渠サインを見つけようとするはずだ。そして無事に暗渠サインを見つけたとき、我々は①から②の段階へと進み、さらにあたりに複数の暗渠サインを見つけることで、③の自信が湧いてくるものである。暗渠サインは、暗渠探しのどのプロセスにも重要な示唆を授けてくれるものなのだ。

しかしながら、①の段階で猫やビールケースを見つけようと頑張る人はそうはいないであろうし、仮にそこで猫やビールケースを見つけたとしても、①から②の段階へ進めるだろうか……。やはり、暗渠「サイン」というからには、発見や確信へと導くものでなくてはならないと思うのである。

暗渠という余白から現れるもの

だが、「猫」や「ビールケース」や「粗大ゴミ」たちが、暗渠と無関係かというと、そうではない。むしろ暗渠にとって重要な存在である、と私は声を大にして言いたいくらいなのである。実際、暗渠で猫がたむろし、粗大ゴミが放置され、隣家の洗濯物が干されているさまは、独特の暗渠景観をつくり上げている。

ではいったい、暗渠サインではないこれらを何と位置づければよいのか。

まずは、「猫がいる」「ビールケースや植木鉢が置かれている」といった状況が生まれる理由からひもといていこう。それは、そこに暗渠として、ぽっかりと空きスペースがあるからである。

ここで再び、「だから・なぜならば関係フレームワーク」を使って考えてみる。

「暗渠としてぽっかり空いている（A）。だから猫がくつろいでいる（B）」

「猫がくつろいでいる（B）。なぜならば暗渠としてぽっかり空いているからだ（A）」

どうだろう、違和感なしだ。

「猫がくつろいでいる」を、「ビールケースが積まれている」「粗大ゴミが放置されている」「洗濯物が干されている」「公共倉庫が置かれている」などに替えてみても、すべて腹落ちがいいではないか。

そうなのだ。暗渠サインが「暗渠の存在を示すまえぶれ」だとすれば、これらは「暗渠というぽっかりと空いたスペースを活用している、結果としてのもの・状態」なのである。

「占渠」という状態

もともと川に蓋をすることで生まれた暗渠は、街にとっての余白のような存在である。物理的にもぽっかりと空いたスペースをもった暗渠の多くは、ひっそりとした低い土地で濃い湿気にまみれ、日常とは薄い膜で隔てられたような特別な空間である。川によどみがあるように、そこは、まるで水でない何かのよどみをいまだ抱えているようでもある。

そんな場所を猫やビールケースや粗大ゴミたちが占拠することで、さらに異彩を放つ状態をつくり上げている。

このような特別な状態には、名前が必要であろう。そうだ、「占渠《せんきょ》」と名付けよう。占渠とはすなわち、「猫などの異物に占拠されることで、特別な味わいを醸す暗渠」と定義づけることにしよう。

駄洒落ついでに畳みかけるなら、占渠の中でも猫がいる状態を「ニャン渠」、ビールケースが積まれていたり公共倉庫が置かれている状態を「倉渠《そうきょ》」、ゴミ置き場になっていたり粗大ゴミが放置されている状態を「廃渠《はいきょ》」、洗濯物が干されていたり植木鉢が並べられている状態を「バル渠《きよ》ニー」と呼ぶことにしたい。

横浜市中区のJR根岸線山手駅近く、やがて千代崎川につながる支流の暗渠。よどんだ空気が心地よい「占渠」だ

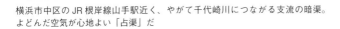

猫地名は暗渠サインたりうるか

吉村 生

「猫も暗渠サインではないのか問題」があるのだとしたら、「猫地名は暗渠サインであるかどうか問題」もあっていいのではないだろうか。いやその前に、そもそも、猫地名とはなんなのだろう。猫が由来になっているのだろうか？

千葉県浦安市猫実

「浦安」というとディズニーランド、すなわちネズミの国のことを思う。その国は埋立地につくられたもので、長らくただの海だった。いっぽう「猫実《ねこざね》」は、中世から人の住む、古きよき港町である。つまり浦安の中心の一つは、ネズミではなく猫であるといっていい。

猫実の近くには猫実川が流れる。実は地名「猫実」を流れることはなく、ほとんどお隣の「北栄《きたざかえ》」を流れる川なのであるが。猫実川は定常的水源を持たぬ、雨水と生活雑排水の川だ。ゆえに市の汚点扱いをされてきて、２００２年に駅前部分だけが暗渠化された。せせらぎに江戸川の水を流す、ボックスカルバート内に浄化設備を入れるなど、技巧派の暗渠が誕生した。地上は遊歩道と親水空間である。東西線より西に行くと親水空間はなくなり、緑道が少しだけ続く。そのうちただのアスファルトの道路になって、住宅街に埋もれてしまう。

　古地図を見ると、猫実川本流は長いこと見当たらない。地下鉄東西線敷設以前、浦安はとにかくたくさんの

上／猫実川は浦安駅前にくると暗渠となる。親水空間で何かをつかまえている少女がいたので、「何が捕れるの？」と聞いてみると、答えは、「カニ」だった。カニが捕れる暗渠！　なんとすばらしい
下／猫実川の暗渠の入り口。浄化装置が仕込まれた流路が加わり、二筋になっている。これにより、猫実川の「ドブ川」の汚名は返上された

猫実川支流暗渠が東西線高架下を流れている。高架と分かれてゆくところはあたかも人生の岐路のようで、浦安で最も好きな風景のひとつだ

用水路がはりめぐらされた土地であった。都市化に合わせて水路を統廃合し、そのさいにまとめられた1本が猫実川である。一面の田んぼに用水路、時折、ハス田と養魚場。現在の浦安の風景を一皮むけば、そんな記憶が埋まっている。

さてこの「猫実」の名の由来とは、どのようなものなのか。郷土史を何編か見てみると、そこにあるのは、（異をとなえる郷土史家も存在するものの）いつも同じ解説であった。すなわち、

「鎌倉時代、このあたりは大津波に遭い甚大な被害を受けた。その後人々は、堅固な堤防を築き、その上に松を植えた。村人たちは、『今後、どんなに大きな津波が来ても、この松の根を越すようなことはない』という願いを込めた。松の根を越さない、根越さね、ねこざね……」

やれやれ。猫とは関係がなかった。そういえば、谷端《やばた》川にかかる猫貍《ねこまた》橋も「木の根っこ」が由来とされる（諸説あり）。どうも、猫地名は猫が由来でもないのかもしれない。

その由来を追いつつも、ひとまず、「猫地名は暗渠サインであるかどうか問題」に論点を移すことにしよう。

遊郭としての猫地名

少々、変化球の猫地名。『江戸岡場所図絵』によれば、本所には多くの岡場所があった。その中に、二つの猫地名が出てくる。厳密にいうと地名というより、特殊な場所の呼称である。一つめは回向院前の、俗称土手側に「金猫・銀猫」と呼ばれた娼家があったというもの。二つめは、一ツ目弁天門前に「猫茶屋」と呼ばれる店があったとされるものである。

この猫とは、娼妓を指す。『江戸岡場所図絵』の説明を借りれば、猫は寝子《ねこ》に通じること、また、三味線の胴に猫の皮が張ってあることが所以《ゆえん》となる。この説明を読むと、売春も行う女芸者のことをさすようにみえるが、転じて、娼妓全般を猫というようになったらしい。鷹になったり猫になったりと、娼妓のたとえもさまざまあるものだ。

「金猫、銀猫」と「猫茶屋」は、隅田川や竪川のすぐそば、水っ気のある場所にあった。ただし、他の猫地名への汎用は難しそうだ。

愛知県東海市猫狭間

見た瞬間、鎖帷子《くさりかたびら》をまとった猫侍が合戦にむかう映像が脳裏をよぎる。なんだその地名は……行ってみたくなってしまうじゃないか。

都合よく愛知出張があったので、まっしぐらに猫狭間《ねこはざま》を目指した。こんなことでもなければ来ることはなかったであろう、名鉄河和《こうわ》線高横須賀駅で降りる。のどかな田園と住宅地を、汗をカキカキ歩く。

地形図でわかっていたことではあるが、猫狭間はまるまる谷戸になっている。しかも、すべてが横須賀中学校の敷地内なので、入ることができなかった。丘の上からグラウンドを眺めると、中学生が猫狭間で合戦（サッカーの試合）をしていた。健康的な谷頭《こくとう》だ。少し下ると、ため池が二つ現れる。ため池から下流は北猫狭間という地名となり、歩くことができた。ため池から流れ出す小流は開渠で住宅の脇をすり抜け、暗渠となって流れ下っていった。

さてこの衝撃的地名、猫狭間の由来はどんなものだろう。東海市の図書館で文献を漁《あさ》るも、見つかった解説は一つのみだった。

「狭間」は谷あいのことで、山の丘と丘との間に挟まれたところを言う。猫の額といった、せまい、あるいは小さい狭間という意味ではあるまいか……。

すべて推測で書かれた弱々しい文章がそこにあった。現地は谷ではあり、地形との関係を思わせはするものの、詳細は不明である。

地名「猫狭間」には入れないので、崖上から眺める

愛知県名古屋市猫ヶ洞池

愛知県には猫地名が多い。岡崎市に猫田、猫沢川もある。名古屋市千種区《ちくさ》にある猫ヶ洞《ねこがほら》池《いけ》は、現在は池の名にすぎないが、かつては猫洞町という地名にもなっていた。猫ヶ洞池は平和公園に含まれていて、水量調節のためのダム穴を持ち、それが公園から鑑賞できる。ダム穴だけでも訪れる価値のある場所だ。

もともと猫ヶ洞池は、複数の谷戸から湧き出る水を導いたため池であった。谷に堤を築いて水をせきとめ、必要量の水を流していた。尾張藩二代藩主徳川光友の命で、上池は1664年、下池は1666年に完成。11カ村の農業用水として利用された。『尾張名所図会』に登場するから、さぞや風光明媚でもあったのだろう。水と緑豊かな、農村の風景。かつては下池から小川が流れ出し、そこでダイコンを洗う眺めがあった。時代は進み、下池は1934（昭和9）年に消失、住宅地に変貌する。現在は下池跡の付け根で水面が失われ、谷底に道路がはしっている。道路をしばらく下ると、山崎川が顔を出す。そこが山崎川の起点となっているが、地形的には猫ヶ洞池と暗渠で接続している。

猫ヶ洞池の名の由来として、三つの説が存在する。一つめは、江戸時代、この付近を「兼子山」と呼んでいたことが転じた、というもの。二つめは、尾張藩の儒学者・松平君《くん》山《ざん》の門人磯谷滄洲《いそがいそうしゅう》が、中国の猫堂から名づけた、というもの。三つめは、池の西側の地

猫ヶ洞池にあるダム穴。世界各地にダム穴は存在し、写真や映像を見るとその迫力に血の気が引くような恐ろしさを感じるのだが、猫ヶ洞池のものは小規模で、不安感少なめに見られるマイルドなダム穴である

域が以前は字《あざ》「金《かね》児《こ》硲《はざま》」（硲は洞の意）で、「カネコ」という名の土地には鋳物師《いものし》が住んでいた例が多い、というもの。鋳物師たちは水と燃料の豊富な谷間に住み、その土地に必要な鋳物の製造を行い、仕事が一段落すると他の土地に移っていったのだそうだ。

この三つめの説「鋳物師由来の猫地名」は、水と谷のありかを示すものである。つまり、暗渠サインといえるのではないだろうか。転々とくらした鋳物師たちの住む谷の「カネコ」が「猫」に転じた地は、他にもありはしないか？そこに行けば、開渠か暗渠が存在するのではないか。

猫地名は実は猫からきていることはあまりなくて、むしろ谷地形を示すことがある。前述の猫狭間や、岡崎市の猫沢、鎌倉市の猫池などは

鎌倉市にかつてあった猫池。名前の由来は、池が猫の形をしているため、池に棲む大蛇が猫の姿になったためなど諸説ある。1970年代に造成され、いまは住宅地となり池の名残はとどめていない（「猫池の水たまりで遊ぶ子どもたち」鈴木正一郎氏撮影、1973年、鎌倉市中央図書館近代史資料室所蔵）

いずれも、猫ヶ洞池と似たような雰囲気を持っているため、もしかしたら、と思わせられる。

さらに、猫地名になり損ねた類似地名を見ていくことで、「猫地名暗渠サイン説」をより固めることができるのではないだろうか。どうやらしばらく、猫地名に呼ばれ続けることになりそうである。

【主要参考文献】
遠藤正道『川と村と人――葛飾風土史』遠藤正三、1978年
千種区婦人郷土史研究会『千種区の歴史』愛知県郷土資料刊行会、1981年
増岡洋一「猫実川河川環境整備事業――二層河川による水質浄化とアメニティ」（『建設関連業月報』2003年4月号）

「見開き暗渠」で夢体験
【広島県東広島市】

髙山英男

「見開き2ページ」の街、西条

本屋さんで、広島の観光ガイドブックをめくってみてほしい。ほとんどお約束のように東広島市の「西条」エリアが後半すぎの場所に、見開き2ページのスペースで載っているはずだ。そこには、西条が灘《なだ》、伏見と並ぶ「日本三大酒処」であることが、何軒かのお洒落カフェとともに紹介されていることだろう。

日本には、そんな「見開き2ページ」の街が数多くある。そこは、小さな観光資源と人々のリアルな暮らしが共存している場所だ。そんな街にはきっと、いくつかの素敵な暗渠が横たわっているに違いない。だからこそ私は「見開き2ページ」の街が大好きなのだ。

そんな「見開き2ページ」の街・西条を、ふらりと訪れてみたことがある。ＪＲ山陽本線西条駅の南側、見開きページの「顔」である酒蔵

ＪＲ山陽本線の南側に並行する山陽道の一部が酒蔵通り。このあたりから中川につながる暗渠が「ゆめタウン東広島」を貫通している（地理院地図）

通りは、人の手が適度に入った街並みで、あちこちで暗渠・開渠の水路に出会うことができる。立ち寄った酒蔵で日本酒を試し飲みしながら、ほろ酔い気分で眺める暗渠はまた格別だ。

酒蔵通りを横切る暗渠があったので、それを南にふらふらと伝っていくと、やがて駅前旧商店街からちょっと外れた幹線道路沿いの「ゆめタウン東広島」にたどり着く。ゆめタウンと

煉瓦造りの酒蔵の煙突と鉄板蓋の暗渠。遠く「ゆめタウン」も見える

は、広島市に本社をもつスーパーマーケットチェーンが、中国地方や九州に数多く展開する大型ショッピングセンターの名だ。

遠く同僚から届いた川の歴史

先ほどから追ってきた暗渠は、このゆめタウンを突っ切って流れているようで、なんとしっかりと敷地内に痕跡を残しているではないか。この景色にへぇ！と小さく感動し、Ｆａｃｅｂｏｏｋに写真を投稿してみる。ほどなく何人かの友達から、「私の故郷のそばです！」などとリプライをもらい、うれしくなったのだが、そんな自己承認欲求充足気分も吹っ飛ぶ驚愕コメントが、この後ここに投げ込まれることになるとは。

「そこの駐車場は、母親の実家の土地です。しかし、すごいところに行かれてますね」

へぇー！　コメント主の川本君、君とは東京の職場で毎日顔を合わせているよね。職場から８００キロも離れている君のお母さまの実家の土地に、偶然、今、私は立っているというのかい。

同僚・川本君のコメントは続く。

「暗渠の先、つまり写真の奥の駐車場横が母の実家です。私が子供の頃はまだ暗渠になってなくて、その川で遊んでいて落ちかけたこともあります」

そうかそうか。真面目で人望篤い川本君にも、ワンパク時代があったんだね。

「ゆめタウンも一面の田んぼでした」

うんうん、昔を知ると、目の前の風景も違って見えてくるよね。

「実は、その駐車場の敷地には小さな祠《ほこら》があります。もともとは、祠のある駐車場区画に母親の実家がありましたが、今はその敷地をゆめタウンに貸し、実家は隣に建て直しました」

さっき通ってきたけど、祠なんてあったかな。それにしても、祠とはなんかワケありっぽくなってきたね。

「その祠には、祖母が家の前の川で拾った光る石が荒神さまとして祀《まつ》ってあるんです」

……何のことだ、いったいどうしたんだね、川本君。

以降は個別のメッセンジャーに切り替えた。

「ゆめタウン」2階、本館と別館をつなぐ連絡通路から北向きに暗渠を望む、この写真を投稿したFacebookからドラマが始まった

「続きを教えてくれたまえ！」と尋ねるスマホのフリック入力がもどかしい。

「一度はお祀りした祖母ですが、ある時信仰に迷いが生じ、石を川に棄ててしまったんです」

なんと、おばあさまご乱心。

「しばらくしてから祖母は改心し、我に返って石を探したそうです。そしたらその石は川の中でまた光っており、それを再び拾い上げ、改めて祀っているのがその祠なのです」

えええっ、夢でも見たんじゃあないのかい？

ゆめタウンで宝探しの夢を見る

短いけれど、いろんな不思議や奇跡が詰まったエピソードに鳥肌を立てながら、私はすぐに駐車場に戻って、伝説の祠を探す。ほんとだ、あった！

こんな不自然に目立つ姿で存在しているのに、来るときは完全に見落としていた。残念な

「ゆめタウン」北側、暗渠脇の駐車場。その真ん中で、祠は静かに私を待っていた

この中に、川底で光っていた奇跡の石が納められているという。この川は「輝石（きせき）川」（仮称）と呼ぶことにしたい

がら、祠は厳重に金網に守られ、扉に手を伸ばすことさえできなかったし、さらに残念ながら昼間だったので、すき間から漏れる石の光も確認できなかったが、件《くだん》の祠はたしかに存在していた。光る石のことだって、川本君のおばぁさまが言うなら、きっと本当のことだろう。

私は、見知らぬ土地で見開き2ページほどの宝の地図を拾い、その宝を見事探し当てたような昂揚感を味わっていた。頬が上気している気がする。それは先ほど試飲した日本酒のせいだけではなかろう。

隣にあるお家では、川本君の伯母さまと思しき方が庭掃除をしていた。この興奮をお伝えしたい、とも思ったが、話しかければ、この夢心地が一気に醒めてしまいそう……。伯母さまの背中にわずかな会釈をし、ふわふわとした気持ちのまま駅へと向かうことにした。

第6章

馬と暗渠

競馬ファンなら、
きっと暗渠も好きになる。

「Hor水路」でめぐる馬と暗渠

髙山英男

馬と諸星と暗渠

小さい頃から、諸星大二郎先生の『暗黒神話』という漫画が大好きだった。異なるフィールドにある事柄を掛け合わせて新たな世界観を創り出す「諸星ＳＦワールド」の中でも、イマジネーション全開の本作こそ、まさに代表作であろう。

本作は、馬にまつわる伝説、馬頭観音、そして、はるかオリオン座にある馬頭星雲などをモチーフに、主人公・山《やま》門《と》武《たけし》が神話の時代、縄文時代、古墳時代から現代、そして約56億年後の未来までを駆け抜けるという、壮大な物語である。作品終盤に、重要な意味を帯びて大迫力で登場するオリオン座・馬頭星雲のビジュアルは、とくにシンボリックだ。初めて読んで以来、この画が、衝撃的なストーリーとともにずうっと私の脳裏に焼き付いている。

そんな「馬頭星雲」に、ある日の暗渠探索で出会ってしまったのだ。とにかく、この地形をご覧いただきたい。場所は大田区、池上本門寺が建つ小高い丘に囲まれた暗渠であ

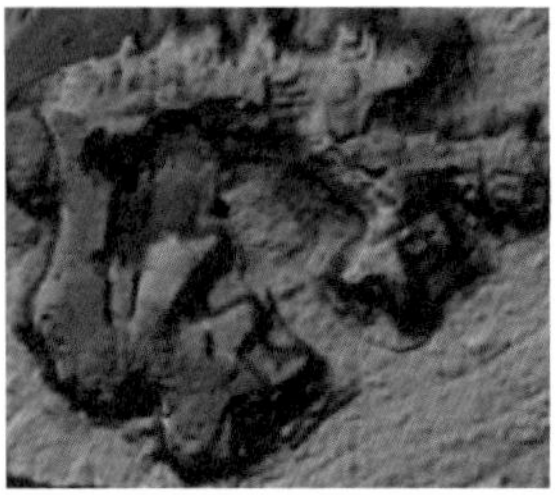

左／池上本門寺付近の暗渠の地形図（東京地形地図 gridscapes.net）
右／馬頭星雲（諸星大二郎『暗黒神話』より）。地形図と見比べて、「馬の首から上部分がそっくり！」と目を疑った

る。

この真ん中の凹み部分は、馬の顔そっくり、というか、馬頭星雲にそっくりではないか。この凹みをつくるのは、区立本門寺公園の弁天池から呑川につながる短い流れの暗渠である。とりあえずこの暗渠を便宜上「呑川馬頭支流（仮）」と名付けておく。

この発見により、私の中の諸星大二郎的な何かが動き出すのを感じた。馬と暗渠……。もしかしたら、両者には密接な関係が、あるいは壮大なスケールの物語があるかもしれない（……いや、ないかもしれないが）。どんな結論になるかわからないけれど、ここで馬と暗渠についてあれこれと考えてみたいと思う。

思考のガイドラインとしての「Ｈｏｒ水路」

だが、考えていくにしても、何がしかの方針やガイドラインが必要である。

英語で馬は「Ｈｏｒｓｅ」。そこで、馬と関係のある川や水路のことを「馬（Ｈｏｒｓｅ）×水路」、すなわち「Ｈｏｒ水路（ホーすいろ）」と呼ぶことにして、さらに思いをめぐらせてみよう。

この「Ｈｏｒ水路」を、

❶「名前がＨｏｒｓｅな水路」

❷「リアルにＨｏｒｓｅな水路」

の二つのカテゴリーに分け、順に考察を進めていく。

1 名前がＨｏｒｓｅな水路

「馬と暗渠のつながり」といって、まず思い浮かぶのは、名前に「馬」がつく川・水路・暗渠だ。わりとあちこちで見かける。ぱっと思いつくだけでも、東京では「馬尿川（新宿区新大久保あたりを起点に、北に流れて神田川に合流する暗渠）」、「駒洗川（音無川からの分流で、荒川区と台東区の区境を流れ隅田川に注ぐ暗渠。別名は思川）」などがあり、神奈川県でも横浜に「馬洗川（横浜市港南区を流れる川。

禅馬川は全長 3km 程度の短い暗渠だが、立派な橋跡も残る、見どころの多い優駿 Hor 水路だ

ほぼ全面開渠で、横浜市営地下鉄上永谷駅付近で柏尾川に合流）」や「禅馬川（横浜市磯子区岡村を流れる川。ＪＲ根岸線根岸駅と磯子駅の間を抜けるまではすべて暗渠）」などがある。

大田区南馬込のあちこちの谷に残る内川の支流暗渠。Ｈｏｒ水路に囲まれた萬福寺には、『平家物語』「宇治川の先陣」に登場する名馬「磨墨（するすみ）」の像まである（地理院地図）

正式な川名でなくても、大田区南馬込に多くの流れを持つ「内川南馬込支流群（仮称）」、かつて、馬橋と呼ばれた地域を通る杉並区の暗渠「桃園川馬橋支流（仮称）」、蛇崩《じゃくずれ》川暗渠に注ぐ世田谷区下馬・上馬からの流れである「蛇崩川上馬下馬支流（仮称）」などの馬地名を流れる暗渠も、このカテゴリーに加えたい。先の「呑川馬頭支流（仮称）」もここだ。

2 リアルにＨｏｒｓｅな水路

次は、競馬場・牧場・厩舎・馬市など、実際に馬が闊歩する、リアルに馬と関係の深い水路を考えていこう。

それでも範囲が広すぎるので、ひとまずは「東京都内にある（かつてあった）競馬場」に着目してみる。

東京には現在、２カ所の競馬場が残っているが、これらを含め明治以降に12カ所もの競馬場が設けられていた。果たしてこれらの場所に「Ｈｏｒ水路」と呼ぶべきものはあったのか、これらが「Ｈｏｒ水路」競馬場だったのか、一つずつ検証していこう。

まずは１８７０（明治３）年、現在の靖国神社参道につくられた「招魂社競馬場」。敷地のすぐ外側に皇居のお濠が見えるが、これはもともとあった水路であり、直接競馬場とは関係がなさそうだ。

続いて、１８７５（明治８）年に皇居内につくられた「吹上御苑の競馬場」。やはりそばにお濠があり、隣に池のようなものまであるが、これもたまたま近くになっただけで、競馬場そのものとはあまり関係がなさそうである。

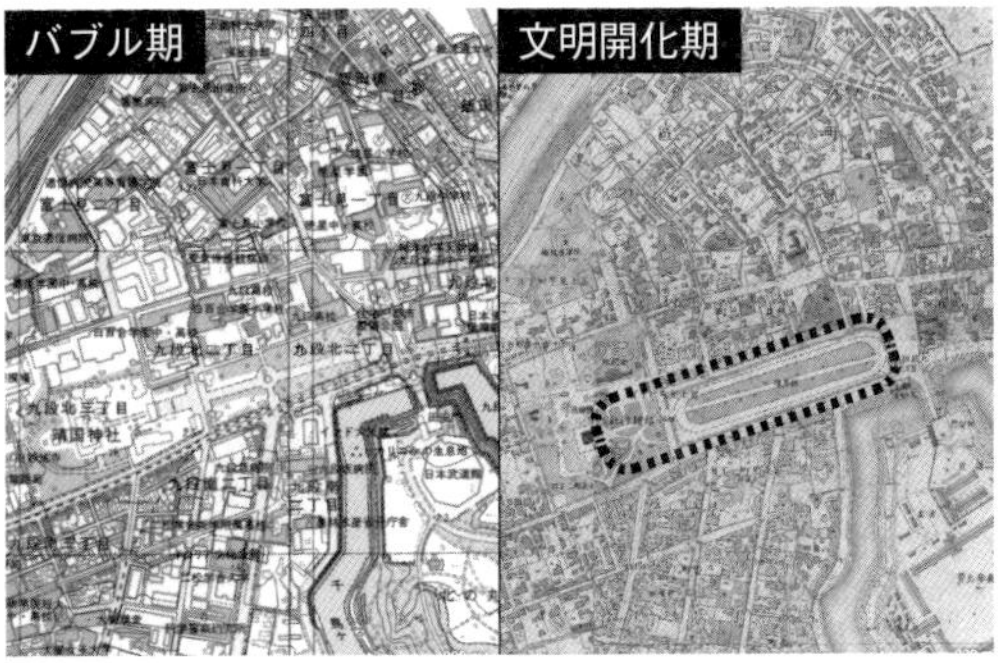

招魂社競馬場　「東京時層地図」を使って、バブル期と競馬場のあった時代とを比較。現在の靖国神社参道でも競馬が行われていた（以下、競馬場を比較する地図は「東京時層地図」より）

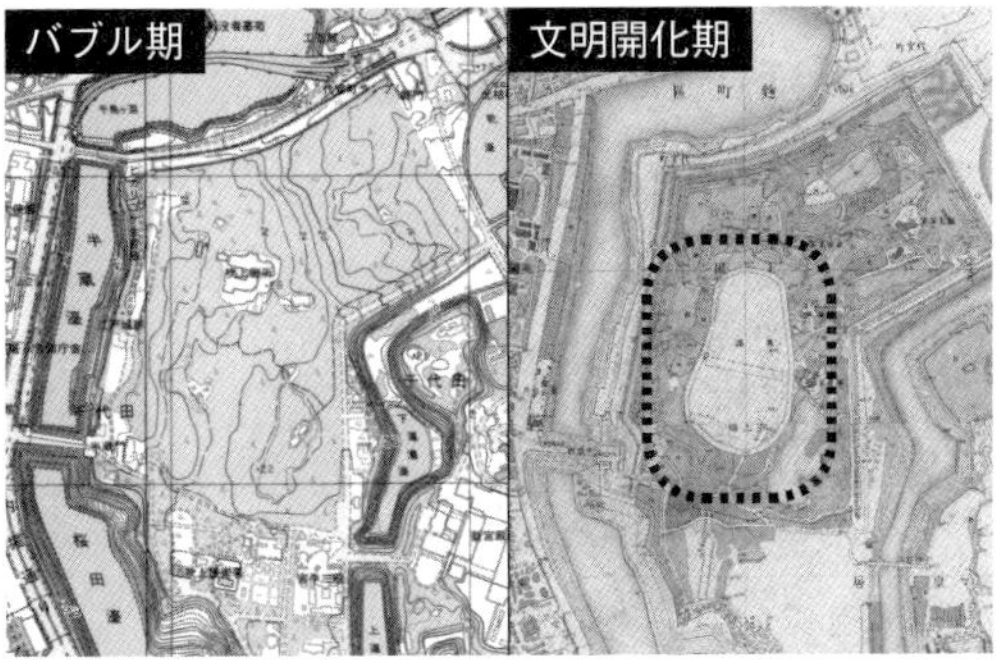

吹上御苑の競馬場　半蔵濠のすぐ横にあるものの、直接競馬場に関わる水路は見当たらない

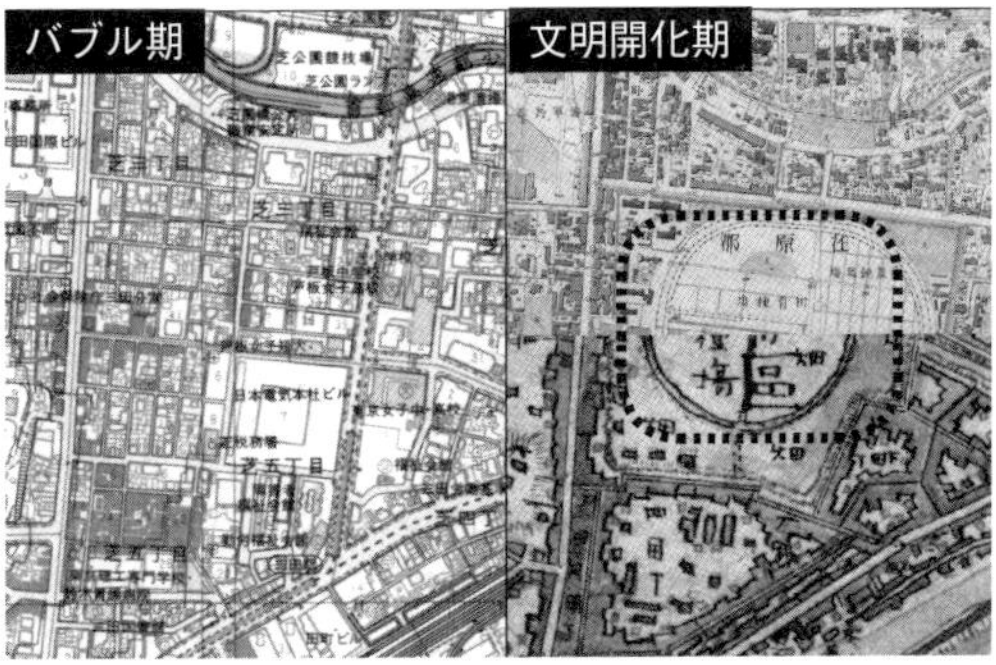

三田育種場競馬場　現在のNEC本社のあたりか。東京湾からの堀割が競馬場のすぐ近くまで延びてきてはいるが、これはHor水路とは言わずにおこう1877（明治10）年にできたのが「三田育種場競馬場」である。東京湾から重箱堀と呼ばれる堀が競馬場脇まで延びているのがわかるが、これが場内まで食い込んでいるかどうか、手持ちの地図からは確認できない。

そして1879（明治12）年の「戸山学校競馬場」。こちらは堂々と競馬場内を暗渠が通っている。これぞ、リアル「Hor水路」と呼ぶことにしたい。しかも、この暗渠は先にも触れた「馬」尿川である。なんとここは、①と②のダブル「Hor水路」ということになるではないか。

お次は1884（明治17）年の「上野不忍池競馬場」だ。上野不忍池の周りをトラックとして利用するつくりで、すなわちトラック内に池を抱えている状態である。この不忍池の水は、トラック下から藍染川暗渠を通して流れ込み、やはりトラックをくぐって忍《しのぶ》川暗渠から下流へと流れていくのである。ここも「Ｈｏｒ水路」競馬場だ。

どんどん行こう。１９０６（明治39）年にできた「池上競馬場」。こちらはトラックの内側に沿って、細長い大小の池が続いている。さらに地図記号から、トラック内はほとんどが水田であることがわかる。であれば、おそらく張りめぐらされるように水路があったはずだ。「Ｈｏｒ水路」の存在、認定である。

１９０７（明治40）年の「板橋競馬場」。こちらは今でもしっかり辿《たど》れる石神井川の支流暗渠が残っており、それがトラック内を見事に突っ切っているという「Ｈｏｒ水路」競馬場と確認できる。

同じく、１９０７年の「目黒競馬場」は、トラックの真ん中を羅漢寺川暗渠の支流である入谷川暗渠が貫く「Ｈｏｒ水路」競馬場である。

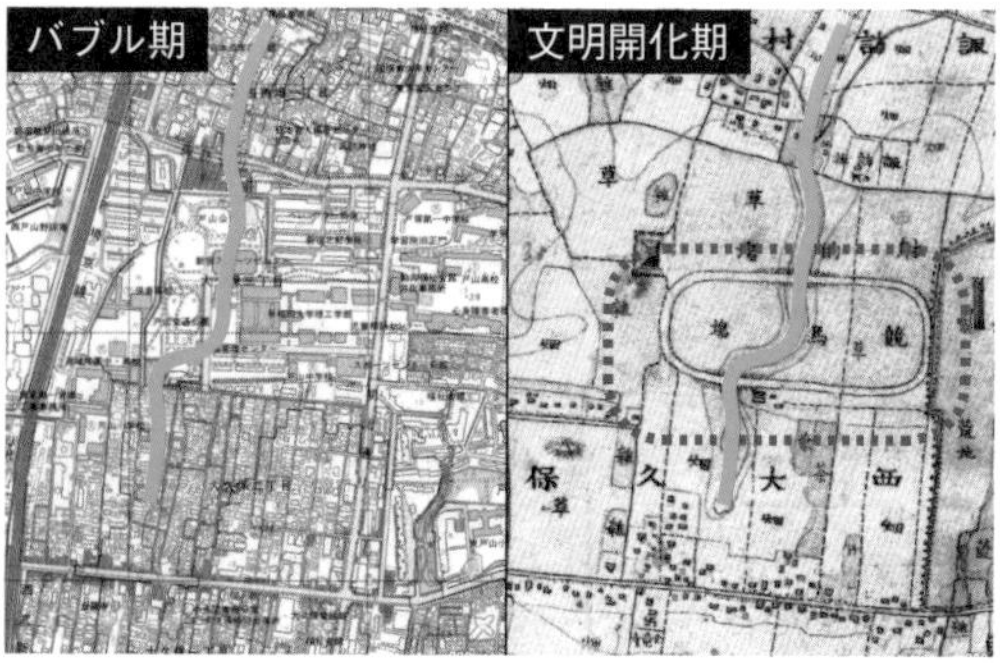

戸山学校競馬場　馬尿川が馬場を突っ切るという、ダブルミーニングな Hor 水路だ

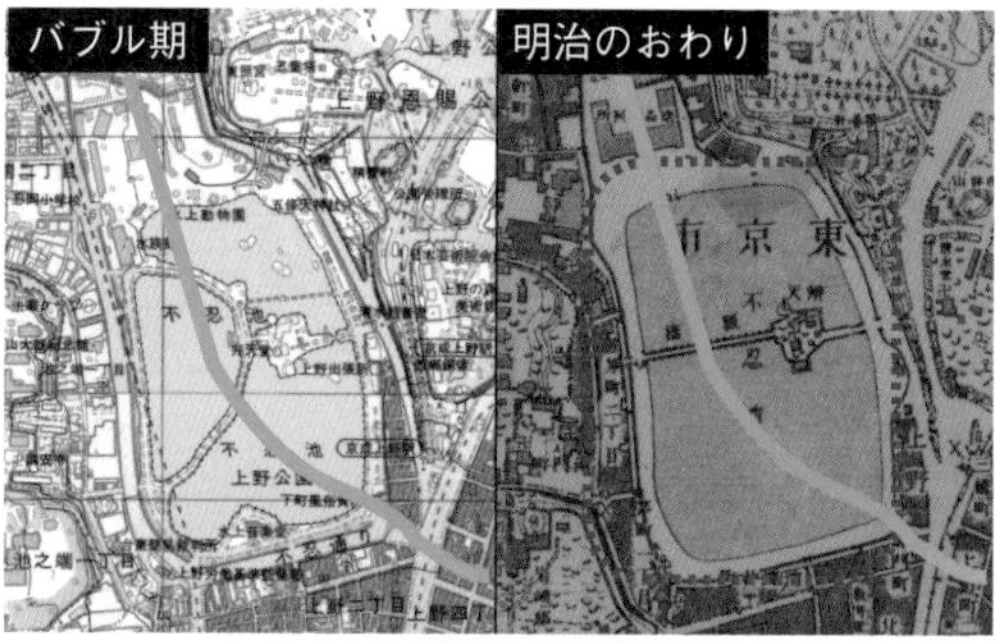

上野不忍池競馬場　池を丸ごと抱え込むような形だ。池に浮かべた小舟から、駆ける馬たちを眺めてみたかった

池上競馬場　現在、ほとんどその痕跡は消え、競馬場や水があったことを想像するのはかなり困難

上／板橋競馬場を突っ切っていた水路は、現在もなかなかの侘び寂暗渠として確認できる
下／八王子競馬場跡にはこんなグリーンベルトが。もしやと思って調べたが、どうやら暗渠ではなさそう

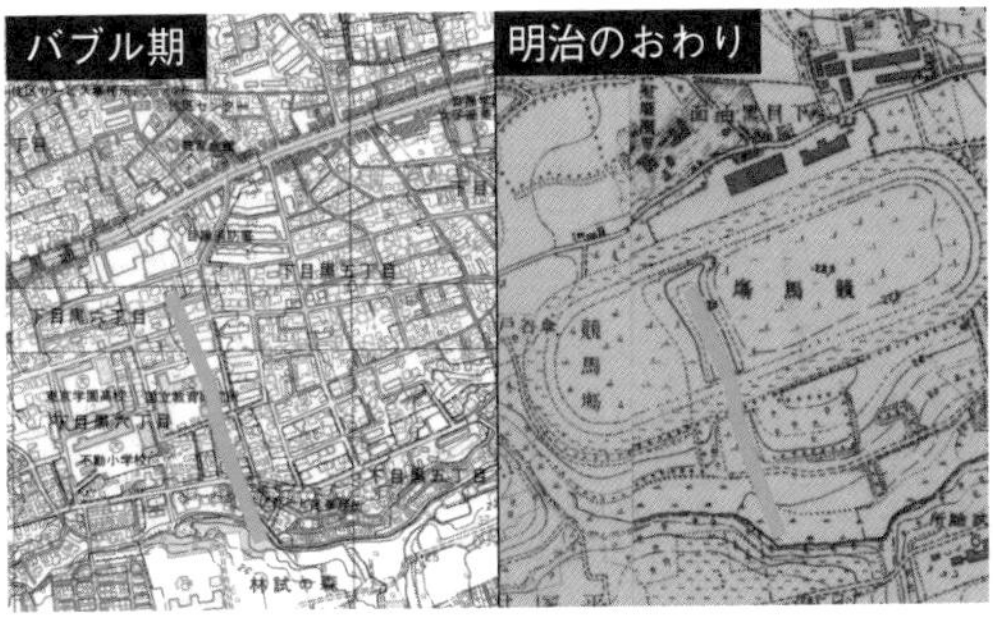

目黒競馬場　Hor水路である入谷川が今も現地に谷をつくる

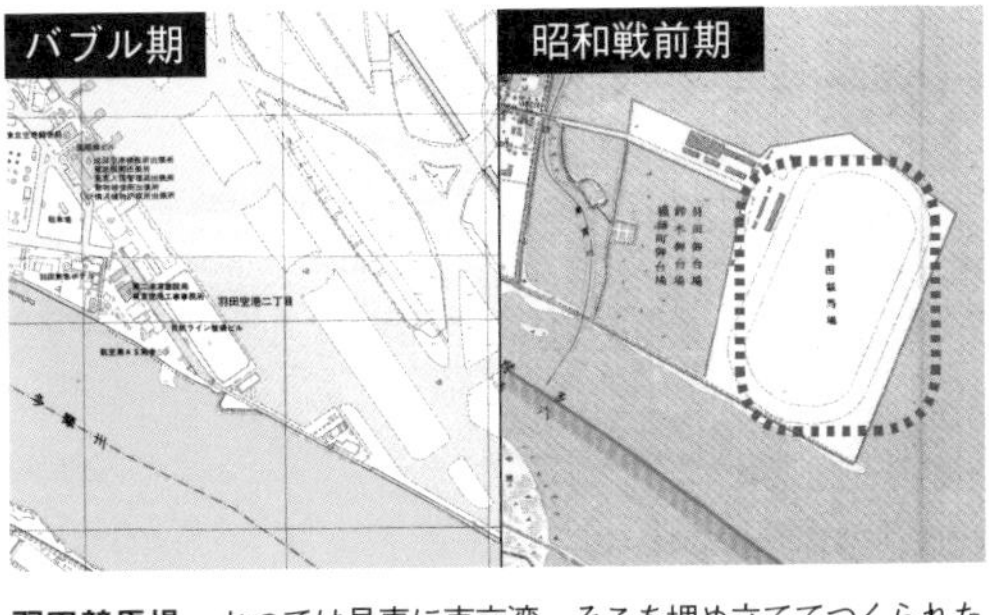

羽田競馬場　かつては見事に東京湾。そこを埋め立ててつくられた

次は1927（昭和2）年にできた「羽田競馬場」。現在の羽田空港国際線ターミナルあたりに位置していた。周りは海に囲まれているものの、直接水路に触れたり関わったりはしていない。

続いて、1928（昭和3）年の「八王子競馬場」である。一度移転があったが、ここでは移転後の敷地についてみてみよう。現在の首都大学東京（東京都立大学）のキャンパスを囲むようにトラックがつくられていたが、ここはわずかな谷も見当たらない高台に位置しており、私が確認した限りでは水路や川、暗渠は見当たらなかった。

現存する二つの競馬場も見ていこう。

まずは1933（昭和8）年に始まる「東京競馬場」である。こここそ、まさに水路だらけで、周囲を流れる府中用水の水路跡が何本も場内・トラック内に確認できる文句なしの圧巻「Ｈｏｒ水路」競馬場だ。

最後は１９５０（昭和25）年から続く「大井競馬場」。ここは埋立て地であり、羽田競馬場と同じく、もとは東京湾の海の中。現在も場内は水路との関係はない。

これらの結果をまとめたのが、右下の表である。

都内12カ所の競馬場・元競馬場のうち、６カ所で「Ｈｏｒ水路」が確認できた。競馬場・元競馬場の２分の１とわかって、正直「結構多いな」と感じている。広大な土地を確保しようと思ったら、川や水路の一つも含まざるを得ないということなのかもしれない。

競馬素人でもある私は、競馬のトラックはなんとなく「平らでなくてはならないもの」と思い込んでいたのだが、こうして調べてみると、トラックとは意外と起伏に富んでいるものなのだということもわかってきた。

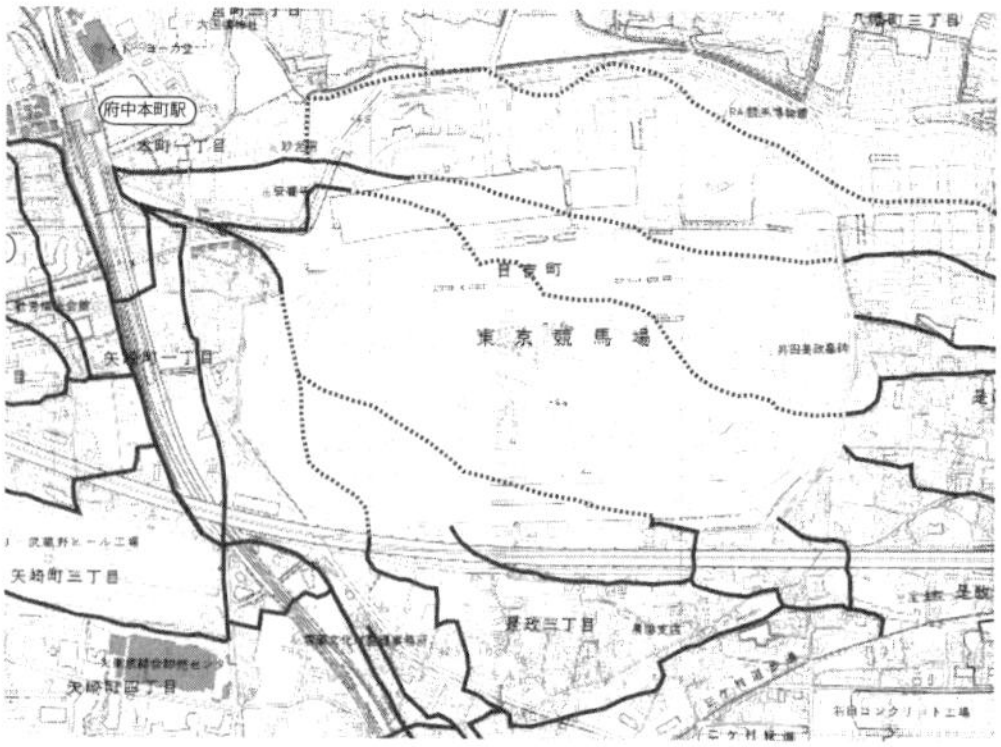

東京競馬場　複雑に絡むたくさんのHor水路を抱えている（くにたち郷土文化館所蔵）

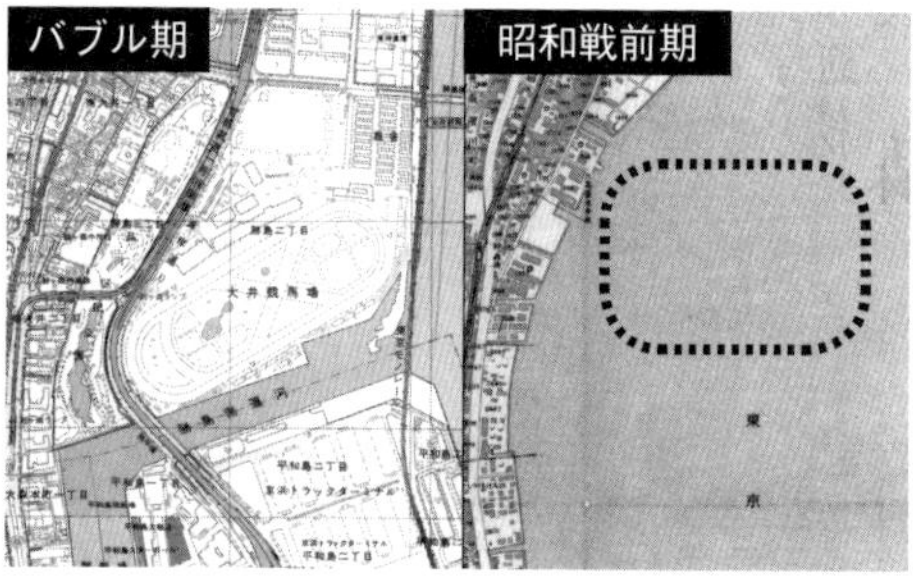

大井競馬場　羽田競馬場同様、かつては東京湾の中

都内の競馬場・競馬場跡の Hor 水路状況

競馬場名	設立	廃止	Hor水路判定
招魂社競馬場	1870年	1898年	
吹上御苑の競馬場	1875年	1884年	
三田育種場競馬場	1877年	1890年	
戸山学校競馬場	1879年	1884年	○
上野不忍池競馬場	1884年	1892年	○
池上競馬場	1906年	1910年	○
板橋競馬場	1907年	1910年	○
目黒競馬場	1907年	1933年	○
羽田競馬場	1927年	1937年（諸説あり）	
八王子競馬場	1928年	1949年	
東京競馬場	1933年		○
大井競馬場	1950年		

「Ｈｏｒ水路」の配置は何を意味するのか

「Ｈｏｒ水路」競馬場を調べ、結果を地図にプロットしているときに、あれれっ！と気づいたことがある。なんと、先の板橋、戸山、目黒、池上の四つの「Ｈｏｒ水路競馬場」跡地は、ほぼ同じ経度、東経１３９度42分上に並んでいるのだ。同じ子午線の上に、である。蛇足を承知で付記すれば、子午線の「午」とは「うま」のことである。

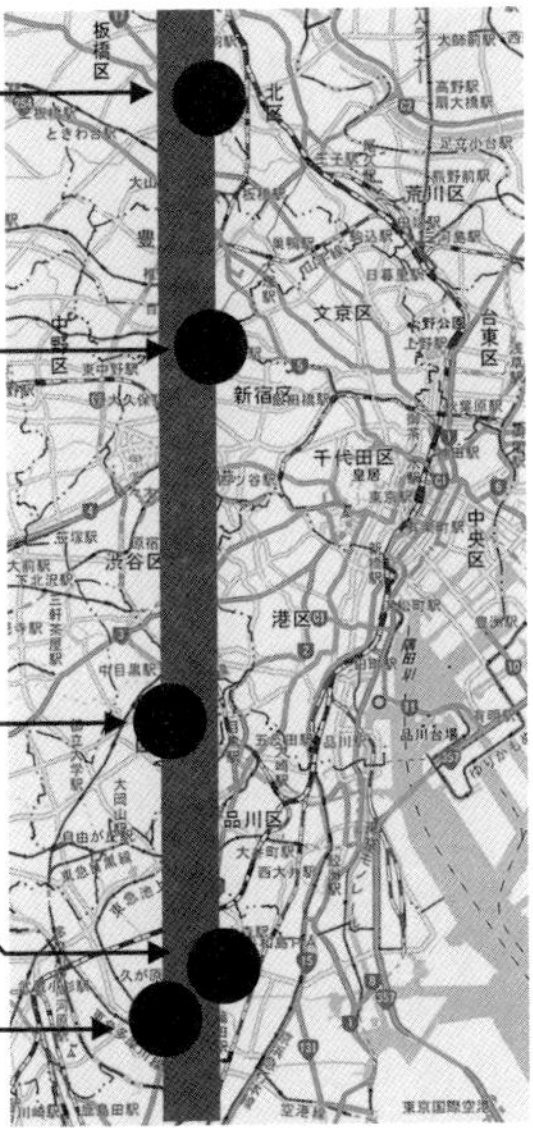

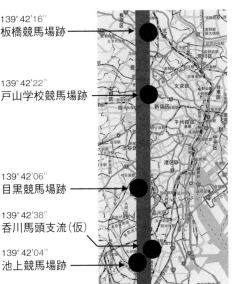

「Hor 水路直列」状態。これを発見した時、思わず心の中でよくわからない雄叫びを上げてしまった

加えて追い打ちをかけるように、冒頭で紹介し、今回、馬と暗渠を考えるきっかけとなった「呑川馬頭支流（仮）」もあろうことか、同じく東経１３９度42分に位置しているではないか。これらが南北一直線上に並ぶ姿は、占星術でいうところの「惑星直列」ならぬ「Ｈｏｒ水路直列」である。なんという偶然。これは何かの啓示か、はたまた警告であろうか。

何やらオカルト雑誌の記事みたいな流れになってしまったところで、私の力は尽きた。諸星大二郎先生ならきっと、ここから壮大なストーリーを紡ぎ出し、名作に仕上げてくださるに違いない。

【参考文献】
浅野靖典『廃競馬場巡礼』東邦出版、２００６年
板橋区監修『板橋マニア――板橋好きが案内する板橋まちガイド』フリックスタジオ、２０１８年
板橋区中板橋町会編『中板橋のあゆみ　創立50周年』板橋区中板橋町会、２００３年
「大田の観光　春」大田観光協会、２０１７年３月
くにたち郷土文化館編『府中用水――移りゆく人と水とのかかわり』府中用水土地改良区、２００１年
高橋一友「明治天皇と競馬――近代日本における馬概念の変容」（『社会システム研究』第21号、２０１８年３月、京都大学大学院人間・環境学研究科社会システム研究刊行会）
諸星大二郎『暗黒神話』集英社文庫、１９９６年

競馬場と暗渠、5次元からの読み解き

吉村 生

チューハイを飲むために競馬場に行く。そのためか、競馬場の形はさほど意識に上らず、定型があると思っていた。他方、競馬場に行っても、近くの暗渠が気になってしまう性質《たち》である。加えて、古地図を見ると、かつて競馬場があった地、というものが存在する。それらを見ていくうち、どうやら競馬場の形にはさまざまなものがあり、暗渠とも関係しそうだということがわかってきた。

2次元——競馬場の形には、どのようなものがあるのか

楕円形《だえんけい》の、いわゆる競馬場の形と思っているものでも、競馬ファンに見せると即座にどの競馬場か識別される。なんだか電車マニアみたいだ。それにはとても及ばないので、素人でも判別できるような、特徴的な形の競馬場をいくつか挙げてみる。いずれも現在はない、廃競馬場たちだ。

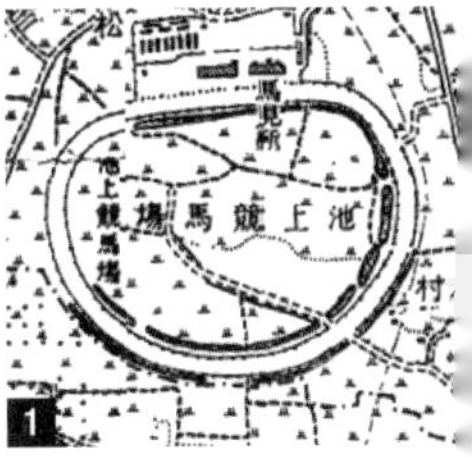

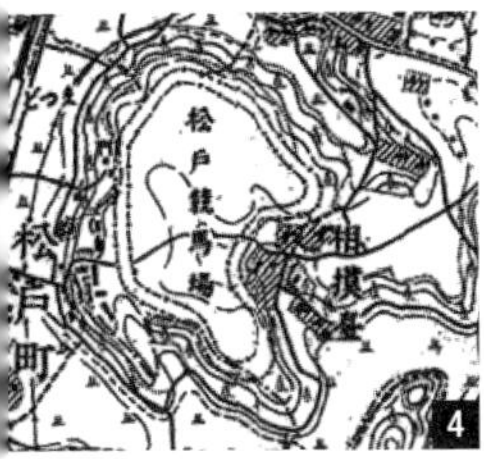

1／**池上競馬場**　大田区池上に1906年から1910年まで存在していた、東京競馬会運営の競馬場
2／**戸塚競馬場**　初代は戸塚駅近くの柏尾川沿いにあったが、1942年から戸塚区汲沢に移った
3／**柏競馬場**　柏市豊四季台にあった
4／**松戸競馬場**　1907年、馬匹（ばひつ）の改良を目的に開設された。岩倉具視を祀る神社の予定地、すなわち風光明媚な場所につくられた

（すべて「今昔マップ」より）

【池上競馬場】

ぽってりした丸みがかわいらしい。水はけがよくない土地柄で、目黒の東京競馬倶楽部に合併された廃業後も、しばらくこの形に沿ってハス池が残っていた。セリが生え、ホタルも飛んでいた。

【戸塚競馬場】

戸塚区汲沢《ぐみざわ》にあった2代目は、世にも珍しいピーナツ形をしている。川崎競馬場ができたことで減収、1954（昭和29）年に廃止されたが、現在もピーナツ形に道路が残っている。

【柏競馬場】

みごとな四角四面。馬の気持ちになってみてほしい。全力疾走でこの角を曲がることを想像すると、なんとも恐ろしい気持ちになってくる。

【松戸競馬場】

最もひどい。暴れ馬という表現があるが、松戸は競馬場自体が暴れている。特に突き出た部分は「天狗《てんぐ》の鼻」と呼ばれ、落馬者続出であった、という。

これらの競馬場を見ていると、その多様さに驚きつつも、疑問が頭をかすめる。なぜこれらは、このような形にならなければいけなかったのだろう？

上／目黒競馬場は1907年開設。馬場の中央付近に谷地形が確認できる。右回りなので、ゴール直前にちょうど谷を上る形になる（「朝日新聞」1932年5月7日付）
下／1866年開設、根岸競馬場は大きなスリバチ状だ。江吾田川の谷頭部分をとりまくようにトラックをつくり、谷の出口にだけ盛り土をしている。内側は水田であり、ゴルフ場にもなっていた（馬の博物館所蔵）

3次元――なぜ、競馬場がそのような形状になったのか

読み解きの手がかりは地形である。戸塚競馬場がピーナツ形である所以《ゆえん》は、谷底であるからだ。せり出す丘陵がトラックをぎゅむ、と押し、ピーナツのくびれをつくり出していた。谷底には、川がある。柏尾川支流汲沢用水がこの競馬場を貫いていたが、現在は汲沢用水幹線、つまり暗渠となり、地下に潜っている。

3次元で競馬場を思いうかべてみてほしい。地形は馬場の形に影響するばかりか、勾配にも影響している。たとえば目黒区下目黒にあった目黒競馬場は、「ゴールへ六十米ばかりの間が心持ち上り勾配（中略）、最後の追込みへ来て充分に戦える」（『競走馬の研究』）と描写される。その勾配とは、羅漢寺川支流の入谷川によって生み出されたものだ。

横浜市中区根岸台にあった根岸競馬場は、「スタートして審判台を過ぎると、下り勾配になって、第一コーナーを過ぎると間もなく可なり長い昇り急勾配になり、第二コーナーまで殆ど昇りになっている」（『競走馬の研究』）と表現される。この上り坂は、千代崎川支流

グライダーの試験飛行を板橋競馬場でおこなったときの絵はがきより。当時は今よりもずっとレースの開催頻度が低く、競馬場でさまざまな催しがおこなわれた（朝日新聞社提供）

の江吾田川《えごた》の影響を受けている。根岸競馬場全体も、尾根が効率的に長円形となる、原地形をうまく活用している。そのうえ客席は海を向いてつくられ、最高に見晴らしがよかったそうだ。

板橋区栄町にあった板橋競馬場跡を歩いてみると、石神井川の段丘と思しき激しい起伏が足裏にひびいてくる。地勢は競馬場として非常に面白いと惜しまれつつも、交通の便の悪さが足枷《あしかせ》となり、1910（明治43）年に閉場した。その起伏は、馬を鍛えることにも、レースを面白くすることにも一役買っていた。

このように見てくると、競馬場と暗渠の関係は実は密だ。牧場と同様、競馬場では大量の水を使用する一方で、水はけのため排水路も必要となる。それから、レースを左右する馬場の起伏には、谷地形をうまく利用することもある。

4次元——なぜ、そんな形状で、その場所に競馬場があるのか

なぜ「その場所」なのかを知るには、地形に歴史を絡める必要がある。柏競馬場を例にみていこう。柏競馬場が誕生したのは、1928（昭和3）年のことだ。地形を見ると、四角四面の理由を少しばかり感じ取ることができる。2代目戸塚とは対照的に、柏は2本の谷に挟まれた丘の上にある。この丘は「くぬぎやま」といい、大地主・吉田甚左衛門の私

有地であった。昭和初期、吉田氏は柏の町おこしをねらい、ゴルフ場などの娯楽施設を併せた競馬場をつくり、「関東の宝塚にする」と意気込んでいた。従来の競馬は軍事関連で馬匹《ばひつ》改良の目的が優勢だったが、ちょうど公営の競馬場は娯楽や町おこしに使われる傾向が出始めていた。

吉田氏は大きく出た。椿森競馬場を柏に誘致。できあがった柏競馬場はコース全長1600メートル、地方競馬場としては最大かつ最新式であるということが、誇らしく宣伝された。おそらく「最大」というウリをつくるため、この台地の直線部分を使えるだけ使ったのであろう。それが、四角四面たる所以ではないだろうか。

馬の鍛錬となるような競技のほか、馬による脱穀、うどん・そば打ちなどの競技も加えられた、というところもまた面白い。そば打ちなど、もはや馬の鍛錬とは関係がないではないか。当時柏で唯一本格的な西洋料理が食べられる富士見軒の支店もあった。付近の小学生はキャディのアルバイトをし、アルバイトの日には家でおむすびを握ってもらったりもしていた。さまざまな人が、足どり軽やかに四角四面の丘を目指していた。

しかし、柏競馬場は残念ながら赤字続きだった。吉田氏が競馬に見切りをつけたことで、競馬場は1943（昭和18）年に成田へと移され、日本光学工業の土地となる。馬場はまだ残っていて、1949（昭和24）年、競馬を再開するも、船橋へと県の競馬機能は移された。そこに日本光学の工場が建ち、その後団地となり、現在に至る。

右／柏競馬場建設中の写真。右側が篠籠田田んぼ、左側に競馬場をつくっている（柏市教育委員会提供）
左／柏競馬場西の谷の暗渠は、地元の人々にとって懐かしい小川の記憶とともにある。縦に置かれたコンクリート蓋は、たくさんの人が並んで歩いているようで、まるで大名行列

谷底にも目を向けてみよう。今はなき柏競馬場駅は豊四季駅の隣にあったが、豊四季とは千葉の開墾13地域の一つ（開墾順に、13までの数字が地名に入っている）である。つまり、吉田氏の敷地以外は明治に入植した人たちが、汗水垂らして耕作した田畑であり、農家の命であった。谷底と台地、双方が柏の発展のために活かされていた。

東の谷と西の谷には、いずれも大堀川の支流暗渠がある。東の谷は篠籠田《しこだ》といい、その谷底には現在、大堀川右岸第7号―1雨水幹線という名の管渠が走る。この谷の始まりをさかのぼってゆけば、柏駅前まで到達する。途中、四季の丘湧水を経由し、車道と並行する細い暗渠に湧水が流れているなど、市街地と自然が入り混じる。明原《あけはら》3丁目に入ってからは、突然の崖、饅頭のようなマンホール、など、ダイナミックに展開する。家々が背を向ける暗渠みちの苔がみずみずしく、地面をいろどっていた。

西の谷は、複数の支流を持つ。うち一つの、長沢に明治から代々住む方にお話を伺った。すぐそこを流れていた小川に、呼び名はなかったという。ドジョウ、エビガニ、フナ、ウナギ、などが棲《す》んでいた。水深は膝程度で浅く、川の水は田んぼや、野菜を洗うために使っていた。1957（昭和32）～1958年頃までは魚がいたが、田んぼと一緒に埋められてしまう。つまり、汚濁や水害の記憶もなく、小川との付き合いの記憶は、穏やかなものであった。

この柏競馬場を囲う2本の水路の出口には、「内野樋管」と「谷中下樋管」がそれぞれ設置されている。いずれも、手賀沼《てがぬま》の氾濫により浸水を防ぐ、すなわち住宅地を護るためのものだ。台地上は競馬場から工場を経て団地へ、谷底は田畑から住宅地へと変貌した。住宅という、現在の機能は似たものでも、土地の記憶はこんなにも異なっている。

行徳の沿岸部にこっそりとつくられた競馬場の予定地。昭和に入ってからも、しばらく放置されていたようだ（国土地理院空中写真、1944年）

5次元――もしかしたら他の場所にも、競馬場はできていたかもしれない

東京競馬の要であった目黒競馬場は、地主との関係等で移転することとなった。その先が現在の東京競馬場であるが、候補地に名乗りを上げた地は100以上あった。当時の新聞をみると「中野へ」という誤報もあった。もしかすると何かがかけ違えば、中野に競馬場ができていたかもしれないのである。

1923（大正12）年、松戸競馬関係者内に内紛が生じ、新勢力は行徳の塩田跡に競馬場をつくろうとした。勝手に着工していたが、関東大震災、および内紛悪化等により、中山に競馬場をつくることになった。勝手にできかけていた行徳の競馬場は、誰にも使われることはなかったものの、航空写真には残っている。

海軍に買収された根岸競馬場の移転先候補として、相模大野から東林間の間、というものもあった。計画図だけが残されているが、そこもまた、馬場の中央に川が流れている。中野や、行徳や、相模大野に、もしも競馬場ができていたら、いまごろ街はどうなっていただろう……？

競馬場の跡が街区に残る、青森、目黒、戸塚に倉敷。競馬場になるかもしれなかった土地たちの、幻の未来。今ある競馬場の成り立ちに目を向けてみること……意外な土地も、競馬場にからめて歩ける可能性を持っている。暗渠探しを兼ねていた競馬場跡めぐりだったが、いつしか、競馬場そのものに暗渠的なるものとしてのまなざしを向けていた。

【主要参考文献】
馬の博物館編『根岸の森の物語』神奈川新聞社、1995年
柏市史編さん委員会編『歴史アルバムかしわ――明治から昭和』柏市役所、1984年
楠茂市『競走馬の研究』山泉堂、1930年
中央競馬ピーアール・センター編『東京競馬場50年史――昭和8年〜昭和58年』日本中央競馬会
東京競馬場、1983年
矢野吉彦『競馬と鉄道――あの〝競馬場駅〟は、こうしてできた』交通新聞社新書、2018年

「霧裡薛圳」で、魚と化して水を探す

【台湾・台北】

吉村 生

元々は台北中心街の水路跡をちびちびと辿《たど》っていた。ふと湧いた、「南のほうにも暗渠があるようだから、念のため確認したい」という動機で、そこに向かった。『舒蘭《シュウラン》河《ハ》上──台北水路踏査』なる書籍に載る地図と、オープンストリートマップ、Googleの旧水路／渓流マップ。手がかりはこの三つ。

ＭＲＴ松山新店線に乗り、萬隆《ワンロン》で降りる。瑠公圳《リュウゴンジン》（台北における主要な用水路の一つ）跡である興隆路一段《シンロンルーイーダン》を渡る。まもなく、車止めと、その先にいかにも暗渠らしい空間が現れた。中心街はこの暗渠的雰囲気に乏しく、なぞなぞを解くように歩むことが好奇心をそそる。しかし、この「霧裡薛圳《ウーリーシュエジン》」は違った。台北最古の用水路の貫禄か、我は暗渠ナリと堂々現れ、ついて来なさいとばかり、ぐいぐいとわたしの腕を引っ張ってくる。引っ張られるものは仕方がない。ついて行きます。

まず目を見張ったのは、うつくしいS字蛇行。万国旗のように洗濯物がつるされ、植栽の枝に鳥かごがかけられ、黄色い小鳥がさえずる。計画ではここから下るはずだったが、本能的に足が上流に向いた。あまりに川らしい姿に、わたしは魚と化したのだ。水源まで、さかのぼらずにはいられない。

ザバザバァ。水を感じながら、あたりを見渡す。建物が霧裡薛圳に沿って弧を描きながら並ぶ。目線を上げれば、古めの低層住宅と新しい高層住宅の境界を、しばしばこの川はなしている。下水道マンホールを伴う緑道を抜けると、景豊公園という谷底の公園に辿りついた。谷底で太極拳を舞う人びとが、たゆたう水草に見えてくる。その先も街区を無視し、斜めに建物をすり抜ける。中心街の暗渠は建物の下に存在するケースが少なく、そうすると跡を追いづらい。しかし霧裡薛圳は多くの部分において、

蛇行地点。表向きは直線的な店舗の裏側であり、傍らには控えめな山があり、水面のきらめきがそこに見えるかのようだった

建物には埋もれない。グネグネと曲がる川に合わせてつくられた、インターロッキングブロックの道をゴトゴトとゆく。ほとりの住人がブロック上に移動式物干し竿を置き、洗濯物を干してゆく。実に長閑《のどか》だ。

萬盛渓《ワンシェンシー》という支流に入る。静心《ジンシン》中小学校の敷地を抜けると、古い親柱があった。仙通橋《シアントンシャオ》と読める。親柱の上には、鳥かご。また小鳥

上／仙通橋の親柱が一つだけ残っていた。萬盛渓は写真奥に流れてゆく。流路上に、コンビニエンス・ストアのテラス席がある
下／仙通橋跡のすぐ上流。流路上にいくつもの鳥かご

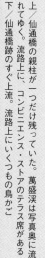

萬盛橋跡。両側とも欄干が残されている。川は写真奥から手前に向かって、斜めに流れていた

だ。続けて四つの鳥かご。東京の暗渠ではよく猫に会うが、霧裡薛圳流域には鳥がいる。

上流部には数本の支流が細々あるが、いずれも上流端には道がなく、追うことができなくなる。歩ける最後の地点で、開渠が顔を出した。見下ろすと、無花果《いちじく》に似た果物が落ちて川底をいろどり、その狭間《はざま》を清水が遠慮がちに流れていた。

さて、まだ歩いていない箇所がある。出遭いの地点に戻ろう。すぐに萬盛橋《ワンシェンシャオ》の橋跡が出現した。さらに下れば、霧裡薛圳はバナナの繁茂する萬盛公園の端をぐるりと回る。公園の端に盛土がなされ、高い位置を瑠公圳が流れていた。川跡の交差点だ。その下流には花市場。市場の先に目をやると、なんと開渠のような空間が広がっている。心の中で歓声を上げる。まさかこんなところに、水面が残っているなんて！　そこにはきれいな水があり、兄弟が泳いでい

萬盛橋すぐ下流の区画。左上は、同じ場所を 2019 年 12 月に訪れたときの写真。きれいな空間に生まれ変わろうとしていた

この魚の習性なのか、川底の砂をぐるぐるとえぐり、各自の周囲にすり鉢状の凹みができている。いくらでも飽きずに見ていられる

た。霧裡薛圳を泳ぐ魚は、わたし一人ではなかった。この水は、あの果物の脇をつたってい た清水だろうか。霧裡薛圳は、蓋《ふた》をされてもなお、しっかりと生きていた。道路を渡れば、今度は椅子付きの遊歩道が現れる。その先、再び一瞬の開渠が現れるが、台湾師範大学の入り口

先ほどの清水の流れを、感じながら下ろう。高低差はさほどないエリアであるが、そそり立つ集合住宅による演出のおかげで、ここはまるで渓谷だ

で他の流れと合流して、おしまい。

実に辿り甲斐のある暗渠だ。唯我独尊的に街中に痕跡を遺すところ、またその痕跡自体は東京の暗渠とどこか似ている。しかし、建物、植栽、車止め、看板、そして小鳥……、ディテールはいかにも台湾だった。

あまりに気に入り、半年後に再訪。すると、萬盛橋から下流に工事が入り、整備された緑道に生まれ変わるところだった。勝手におぼえる喪失感。近年の台湾は、変化が早い。けれど霧裡薛圳に行ったなら、わたしは何度でも水の記憶を感じとり、魚と化すだろう。

【初出】
「魚と化して、水を探す」(『東京人』2019年11月号)に加筆修正

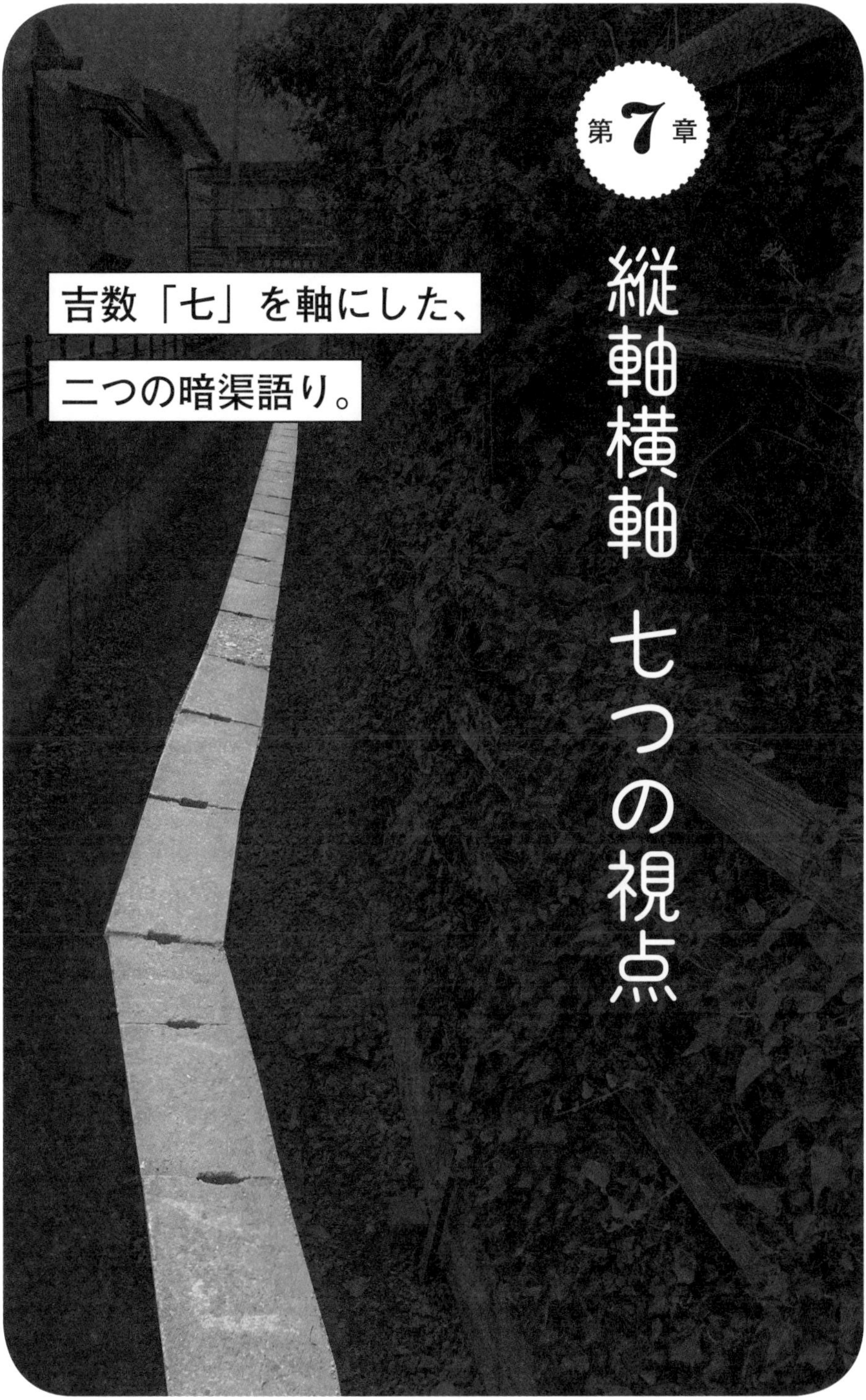

第7章 縦軸横軸　七つの視点

吉数「七」を軸にした、
二つの暗渠語り。

暗渠は禅である、か
——暗渠鑑賞七つの視点

髙山英男

盆栽を手本につくった、暗渠の鑑賞法

暗渠の愉しみ3要素「たたずまい（景観）」「うつろい（経過）」「つながり（経路）」のうち、私はとくに「たたずまい」に魅かれているようだ。その証拠にこれまで、暗渠の外観を加工度の大小で分類する「暗渠ＡＮＧＬＥ」（後述）というフレームワークをつくってみたり、「暗渠サインランキングチャート」をこしらえたりしているし。とにかく、暗渠そのものをじいっと見たり、暗渠景観についてあれこれと考えるのが好きなのだ。

そんな私が、雷に打たれたような衝撃を受けたのが、たまたま行った「さいたま市大宮盆栽美術館」であった。館内には、盆栽の「鑑賞の仕方」が解説されており、見るべきポイントがすっきりと整理され、掲示されているではないか。

後日、ウェブや書籍でも調べてみたが、そのポイントはまったく同じだった。つまり盆栽は、鑑賞法がしっかりと確立されているのだ。

そこには、まず「根ばり」といって、根ががっしりと張られているかどうかを見よ、とある。全方向にまんべんなく張られた根は「八方根」と呼ばれてありがたがられ、

通称「大宮盆栽村」にある、さいたま市大宮盆栽美術館。盆栽の鑑賞の仕方からやさしく学べる場所。すぐそばに見沼代用水西縁につながる暗渠も見ることができる

反対に張りのバランスの悪い状態は「忌《い》み根」とされる、とか。あるいは「こけ順」といって、樹の根もとから先端にかけて細く小さくなっているかどうかを見るといいよ、とか。そのほか、「幹肌」「枝」「葉」「花」「実」などが、見どころとして挙げられている。さすが、長い歴史を持つ世界のＢＯＮＳＡＩである。

そこで思ったのが、暗渠景観についても、こんなふうに見るべきポイントを整理できるはずだ、ということである。それが示せれば、暗渠景観にもっと興味を持ってくれる人が増えるような気がするし、何よりも自分が暗渠のどこに萌えるのかを言語化することで、もっと自分自身を理解できるかもしれない。自分が抱える心の中の暗渠と和解できるかもしれない——そんな閃き、というより衝動から、さっそく取り組んでみた。

暗渠景観の鑑賞は、以下の七つの視点に集約できそうだ。

❶「出会い」（第一印象）
❷「見渡し」（奥行き）
❸「囲み」（周囲の地形）
❹「うわべ」（加工状況）
❺「枯れ」（侘び寂具合）
❻「芽ぐみ」（生えている植物）
❼「かざり」（暗渠の付帯物）

暗渠鑑賞七つの視点

1 出会い	始まり地点の「顔」を見る	●意外性・異界性があるか ●周囲との馴染みはどうか ●どこかの印象と共通するものはあるか
2 見渡し	正面から奥を見る	●奥までまっすぐ続くのか［直］ ●奥で湾曲するのか［湾］ ●曲がって見えなくなるのか［消］ ●障害物で見通せなくなるのか［遮］
3 囲み	周囲の地形を見る	●川筋の凹みはどうか ●崖や擁壁に挟まれているか ●川幅は太いか、細いか
4 うわべ	表面の状態を見る	●舗装されているのか ●コンクリ蓋なのか、他の素材の蓋なのか ●エア（蓋がない状態）なのか
5 枯れ	経年劣化を見る	●欠けやひび、すれはあるか ●錆はあるか ●変色はあるか
6 芽ぐみ	生えている植物を見る	●季節の花は咲いているか ●目立つ植物はあるか ●とくに苔の植生はどうか
7 かざり	付帯物を見る	●車止めなど暗渠サインがあるか ●看板やメッセージがあるか ●粗大ゴミや放置物はあるか ●猫などの動物はいるか

1 「出会い」始まり地点の「顔」を見る

何事も大事なのは出会い頭の第一印象である。街角で暗渠と出会った瞬間を、まずはじっくりと味わってみよう。自分の感情はどう動いたか。暗渠の意外ないでたちに驚いた？　それとも突然現れた異界のさまにたじろいだ？　出会いの時の気持ちを忘れずにいたい。

まだ出会ったばかりゆえ、細部に着目するより、周りの風景との馴染み具合（馴染まな具合）や、これまで見た暗渠との違いや共通点、暗渠以外のものとの共通点（見立て）などに思いをめぐらせながら、目の前の暗渠全体を感じてみよう。

桜上水２丁目、北沢川の暗渠。家の間の細い川跡に、トタンのような建築資材がばさっと被せられている荒々しい暗渠だ

私自身はといえば、暗渠に興味が出始めた頃にばったり出会った世田谷区桜上水2丁目の暗渠の姿が、いまだ忘れられずにいる。道端に突然現れたそれは、まさに世界の裂け目のようで、それを見た私は一瞬にして、漆黒の宇宙の真ん中に放り出されたような気持ちになった。

2 「見渡し」正面から奥を見る

第一印象を充分に味わったら、暗渠と正対してその奥行きに着目してみよう。奥への眺めはおそらく、先まで見渡せる状態の「直」と「湾」、途中で暗渠が見えなくなる状態の「消」と「遮」の四つに大別されるはずだ。

まっすぐ延びている「直」は、奥まで視界が開けている状態。「湾」は奥まで見渡せるが、カーブを描いて蛇行する状態。このカーブがきつくて奥まで見渡せない状態が「消」。何らかの障害物で視界が遮られてしまうのが「遮」である。それぞれに趣があり、これらの間に優劣はない。自分の好みやそのときのコンディションで、情景を愉しんでほしい。

3

2

1

4

1／杉並区宮前３丁目、松庵川の暗渠。緑の枯れた冬場は暗渠の「直」を愉しむのにいい季節だ
2／渋谷区本町４丁目、神田川の支流・和泉川の「湾」の暗渠。カーブを描いて川筋が暗闇に溶けていく
3／板橋区仲町、石神井川支流の「消」の暗渠。歩を進め奥を確かめる者、不安に耐えかね引き返す者。この世には二通りの人間がいる
4／横浜市中区山元町２丁目、千代崎川の「断」の暗渠。ほとりに住む古老によれば、ここはかつての水門跡とのこと

3 「囲み」周囲の地形を見る

暗渠と地形は切っても切れない仲。暗渠を囲む地形や、それによって大きく左右される川の幅などにも目を向けてみる。そこでは、川筋がどれほど凹んでいるか、囲われている崖や擁壁《ようへき》の様子はどんなか、川幅は太いのか細いのかなど、周囲の状況と暗渠のバランスに着目して鑑賞してみたい。

右／板橋区赤塚新町３丁目、百々女木川の暗渠。階段数段のわずかな段差が、谷であること、そこに水が流れていたことを主張している
中／葛飾区鎌倉３丁目、小岩用水の暗渠。人工の用水路は必ずしも谷間を通さないので、広々とした景観を貫く暗渠を愉しむことができる
左／港区高輪１丁目、玉名川の暗渠の擁壁。その積み方にも注目するとなお深みにハマることができる。これはガンタ積みと呼ばれる積み方

4「うわべ」表面の状態を見る

これは水面の代わりとなっている表面の加工状態を見る視点だ。そのバリエーションは、暗渠の状態を加工度別に分類する「暗渠ANGLE（ANkyo General Level Explorer）」として、以前から整理したものがある。

これを使って、もともとの川面が加工度MAXで緑道や公園となっている状態（レベル4）、アスファルトで舗装されたり土で埋められたり、擬態しているかのように道路と見分けがつかないような状態（レベル3）、何らかの素材で蓋《ふた》がかけられているだけの状態（レベル2）、暗渠以前だが開渠に手が入れられた状態（レベル1）など、表面の状態の違いを観察して味わうものである。

「暗渠 ANGLE」

	小 ← 加工度			→ 大
水面の有無	水面を隠していない		水面を隠している		
状態とレベル区分	ほぼ天然の状態の開渠 レベル0	加工されている開渠 レベル1	蓋がかけられた暗渠 レベル2	埋設され道となっている暗渠 レベル3	過剰に整備された暗渠 レベル4
例えばこんな状態	小川、干上がり川跡	護岸のある開渠、はしご式開渠	コンクリ蓋暗渠、その他蓋暗渠	暗渠路地、舗装して道と同化	整備緑道

レベル4　江戸川区北篠崎1丁目、かつての用水路が整備された興農親水緑道。居心地よい都市空間だが、私には川の剝製のようにも見える
レベル3　京都市右京区太秦青木元町2丁目、おそらく西高瀬川につながる支流の暗渠。単なる舗装道路も暗渠目線で見れば、隠れたものが見えてくる
レベル2　千葉県柏市旭町3丁目、大堀川支流の暗渠。手前の蓋はコンクリートだが、奥はフォークリフトのパレットが蓋代わり
レベル1　世田谷区砧1丁目、谷沢川の支流。3面コンクリートで固められ、上部には切梁が。これを「はしご式開渠」と呼んでいる

レベル4

レベル1

レベル2

レベル3

レベルに優劣は付けられるものでなく、鑑賞者によって大きく好みの分かれるところであろう。また加工度の違いに加え、表面の艶や影、日によっては水溜まりや水滴の有無などでも味わいが違ってくるので、多彩な表情を愉しんでいただきたい。

5「枯れ」経年劣化を見る

枯れとは経年劣化の具合である。時をかけて暗渠に刻まれた欠損、ひび割れ、摩耗、錆、変色などなどがこれだ。

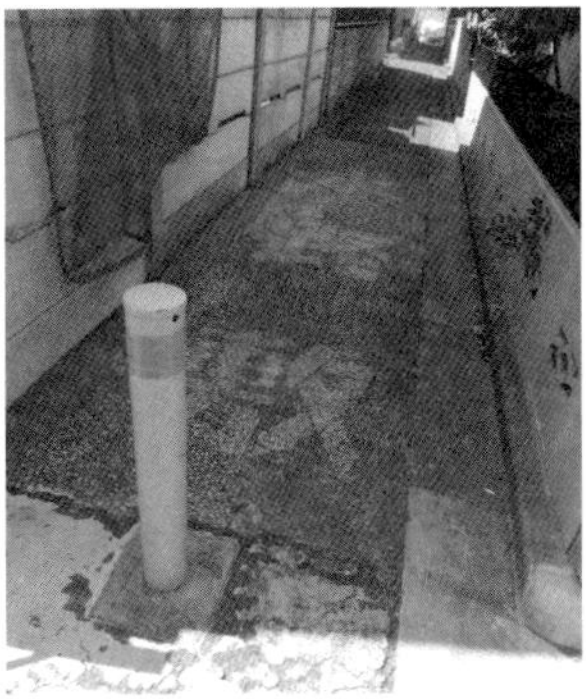
練馬区田柄川の支流暗渠。暗渠を示す「水路敷」というペイントのかすれ具合に経年優化の侘び寂がにじむ

一般的に暗渠は人から注目される場ではない。だから放っておかれがちだ。とくに手入れされることなく、長い間の疎外の積み重ねそのものが、暗渠における経年劣化なのである。暗渠でそれを見出したとき、私はたまらなく愛おしい気持ちになる。私にとってそれは経年優化であるのだ。

6「芽ぐみ」生えている植物を見る

暗渠で芽吹く植物たちがつくる風景にも目を向けてみる。人工物である暗渠を彩る自然の草花は、まるで天からの恵みのようだ。そういう意味も込めて、これを「芽ぐみ」と名付けよう。

四季によって変わる芽ぐみの景観は、見慣れた暗渠にも

梅雨時の杉並区高円寺南４丁目、桃園川の支流暗渠。花だけでなく、苔も雑草も心ときめく暗渠景観をつくってくれる

新たな視点と驚きをもたらす。そんな、季節の花や葉、苔と暗渠のコラボレーションを愉しむのがこの視点だ。

横浜市南区の暗渠。ハナダイコンの花が波打つ水面のようだ

7 「かざり」付帯物を見る

暗渠の付帯物に着目した味わい方である。「暗渠サイン」はすべてこの領域に位置付けられる。また第5章で、厳密に暗渠サインと区別をした「占渠」もここだ。

さらに、暗渠そのものではないが、暗渠に付随する、あるいは暗渠と共にあることで独特の景観を創り出しているものたちをここに位置づけ、味わうこととしよう。

新宿区西新宿５丁目、和泉川暗渠。暗渠公園の上を飾る動物たち。残念ながら2018年に撤去、のっぺらぼうな暗渠道に

盆栽を超えて、暗渠は枯山水・禅とつながるのだ

ところで、何年もかけて盆栽を育てるその目標は、「形《けい》小相大《しょうそうだい》」なのだそうだ。形小相大とは、目の前の小さな木を見ながらも、それを包む大きな世界を思うことである。それはまるで、禅の思想に基づいてつくられる枯山水であり、禅の思想そのものなのではないか。

『禅と禅芸術としての庭』（枡野俊明著）には、枯山水の庭についてこう書かれている。

「単なる観賞の対象として眺めるだけの空間として捉えるのではなく、心の内に庭を見ることを意味する」

私はそもそも、「自分の心の中に暗渠がある」「もしかしたら、誰もが心に暗渠を抱えている」と気づいたときから暗渠に夢中になった。そして、私は暗渠の「たたずまい」に最も魅かれ、あちこちの暗渠トークで、「自分の心象風景と暗渠を重ね、何かに見立てること」を提案してきた。それは何の思想も教義も持たない単なる遊びではあるが、目の前の風景を自分の心に重ね合わせて違うものを見ようとしている点では、盆栽や枯山水に通じるものがある。

枯山水は、修行によって高度に磨き抜かれた哲学的かつ宗教的な思想のもとに、緻密につくられたものだ。当然、もともとそこにあった川をベースに開発の都合でできてしまった暗渠と、出自はまるで違う。しかし、その「見られ方」に着目すれば、暗渠はいわば、都市が無為にこしらえた枯山水と言えるのではないか。

『禅と禅芸術としての庭』で、枡野俊明はこうも書いている。

「庭は庭であり、すなわち庭でない、これ庭なり」

「暗渠は暗渠であり、すなわち暗渠でない、これ暗渠なり」

禅と暗渠は、つながっている。私はそう確信している。

【参考文献】

小野健吉『日本庭園——空間の美の歴史』岩波新書、２００９年

加藤周一『日本文化における時間と空間』岩波書店、２００７年

枡野俊明『禅と禅芸術としての庭』毎日新聞社、２００８年

山本順三『盆栽時間——はじめての鑑賞入門』山と溪谷社、２００４年

七つの時代を行き来する、井草川縄文暗渠さんぽ

吉村 生

あるとき、縄文好きのスソアキコさんと暗渠を歩くことになった。舞台は杉並。井荻あたりを流れていた、井草川。暗渠と縄文の接点は、いったいどこにあるのだろうか。縄文を中心に、弥生、江戸、大正、昭和、平成、令和と、七つの時代を行き来する暗渠さんぽの、はじまり、はじまり。

井草川のあらまし

井草川は、杉並区北部を流れる神田川支流である。稲作を行うにしては水量が潤沢ではないこの川は、江戸時代に千川上水から分水を受け、以降は農業用水として活躍した。分水が通過した切通し公園は、昭和20年代には流れる水が滝となり、子どもたちが遊んでいたという。一方、地主によれば、公園として整備される昭和50年代以前は、杉林のある鬱《うっ》蒼《そう》とした暗い土地で、所有者すら「危ないから近づくな」と言われていたともいう。とも

あれ流域一帯は一面の田んぼで、ところどころに灌漑《かんがい》用の堰があり、子どもが泳いだり、魚をすくって遊ぶ姿が見られた。

支流は今川を通る用水路のほか、上石神井駅方向に延びる浅い谷や、八成《はちなり》小学校東側から延びる水害対策のために掘削された排水路、通称ほうろく山下の湧水を起点とするもの、など複数ある。いずれも幅広の歩道か、コンクリート蓋暗渠として残っている。

杉並区の河川暗渠化は昭和40年前後にピークを迎えるが、井草川の暗渠化は、昭和30年代後半から昭和50年代後半まで続く。50代くらいの方だろうか、何人かが開渠の井草川でザリガニを捕まえた思い出を語ってくださった。開渠の思い出を語る人が多いことは、暗渠化が比較的遅めであることをものがたる。

現在、本流の地上は淑《しと》やかで美しい遊歩道として整備され、地下には下水道幹線が走っている。遊歩道の井荻駅以東は、近隣に縁のある小柴昌俊博士にちなんだ「科学と自然の散歩みち」となり、科学に触れ合えるような工夫がされている。

井草川のスタート地点である切通し公園の中に園山俊二の絵があることは、意外と知られていない。コミカルでありながらも事実に即した表現である

縄文人を呼び寄せた湧水

青梅街道を挟み、善福寺川の谷頭《こくとう》のちょうど反対側に、井草川の水源はある。水源は切通し公園の斜面の下部にあった、カマといわれる

1961年頃、杉並工業高校建設時の写真。写真右端が切通し公園で、写真中央を井草川が右から左へ流れているはずだ。まさに暗渠化の最中で、土管が置かれている（西山雅俊氏提供）

ものだ。カマとは、このあたりでは湧水点をさす通称のようである。「池のなかのカマ」という表現をすることもあったそうで、つまり、湧出口がまるくしっかりと見えていたことが想像される。

そのような湧水点の一つが、民家の敷地内にもあった。池の所有者、西山家に話を聞きにいくと、驚くべきことに、湧水池に浮かべるボートを自作したという。ボートが使えるだけの深さと広さを持った池だったということになる。周囲は鬱蒼とした屋敷林で、森の中の沼のような風情だったのではないか、と地元の人は想像する。都市化とともに湧出量が減少し、昭和40年代に埋められ、現在は駐車場になっている。発掘調査によるとこの敷地には埋没谷があり、以前は谷戸からの小流も存在したかもしれない。

その下流、大正時代まではじわじわと水の湧く湿地帯、通称谷頭池《やがしらいけ》があった。これらの湧水をもとめ、縄文時代は人がこの地に集まった。ところが清冽《せいれつ》すぎる湧水は温度が低い上に養分が少なく、あちこちにカマのあるこの地は稲作には不適と、弥生時代以降しばらく人は遠ざかっていたらしい。

先述の切通し公園が、井草川における縄文と暗渠の最初の接点となる。地元の人は、この公園で子どもの

左側斜面下に湧水池がかつてあった。右側の建物の下からは石器が出土した記録があるが、以前は畑であり、実際に石器が転がっていたという

ころ土器を拾った、と回顧する。実際、近くの台地からは土器が100点以上も出土している。それほど遠くない昔、ここには縄文の名残がむき出しであったのだ。

付近は、江戸時代はお狩場にもなっていた。いかにもな、武蔵野台地の末端とその崖下の低湿地である。鷹狩《たかが》りの前には、農民が苦労して餌となるオケラを捕まえていたことだろう。そしてこういった地形こそ、縄文人を呼び寄せるものだった。

井草川と遺跡の関係

川沿い、すなわち水を得やすいところに縄文遺跡が分布しているという話はよく聞く。例えば大森貝塚のすぐ近くには鹿島谷を流れる川があったし、代々木八幡遺跡の麓には、渋谷川の支流が流れていた。いずれも現在は暗渠である。井草川流域でも、実は20以上もの遺跡が発掘されている。上井草4丁目から撚糸文《よりいともん》系土器である井草式土器が出土し、その場所は井草遺跡と呼ばれている。縄文時代早期前半のもので、住居と同時に出土した例としても重要なのだそうだ。

西山家からの情報をもとに、スソアキコさんが想像して描いた湧水池周辺の風景。三つの湧水点と三つの島のある大池で、水が湧いているのが見えたそうだ

縄文人の住居跡を確認しながら歩く。当時なら見晴らしの良さそうな、台地の上ばかりであった。ただし、付近の地形は区画整理（後述）の際に変えられている。切り立った台地を削り、川や湿地帯は埋め均《なら》されている。原地形、すなわち縄文人がいた頃は、格別の眺望だったのではないだろうか。

縄文式暗渠の歩き方

やっと谷底におりた。川下りが始まる。ここぞと、かつてこの川にいたと言われる生物の話をした。「フナ、ウナギ、タナゴ、ドジョウ、メダカなどが泳いでいたらしいです」。スソさんが反応する。「縄文人が食べてたものと同じだ！」。わたしも目を丸くする。目の前にザッ！と、縄文人が現れたかのようだった。スソさんにはおそらく、縄文時代の景色が見えている。そこに縄文人もともにいるかのような感覚なのかもしれない。

昭和の前半、井草川および周辺の田んぼには、ドジョウがたくさんいた。初夏の夕暮れ、少年たちがカンテラを持ってドジョウをついて回る。それは食卓の一品にもなれば、鶏のタンパク源にもなったという。縄文時代の人たちも、ドジョウは食べていたという。みちみち、縄文を想像するということは新鮮だった。目の前の世界に奥行きが生まれるのだ。いつのまにかわたしの隣にも、縄文人が現れていた。

土器片が発見された箇所は、井草川流域にいくつかある。うち一つは、珍しく川沿いの低地にあった。「ここから出土するというのはちょっと不思議です。もしかしたら、もう少し川上で土器を洗っていたのが、うっかり割って、ここに流れ着いたのかもしれない」。目の前にいた縄文人が、土器をうっかり手放し、お茶目に慌て始める。わたしたちは笑いながら、井草川を下った。

防災施設の建つ上瀬戸公園はむかし、ハス田だった。かつては、早朝にハスの花が咲き誇る風景があったという。古代ハスというものがあるように、縄文時代もハスの花咲く風景はあったかもしれない。現在の井草川遊歩道の花々の美しさは、指折りだ。春の桜も、夏の緑も美しい。ただ、それらは暗渠化後に人工的に植えられたものたちである。なかには、過去を想起させる植物もある。

流麗な弧を描く井草川遊歩道。季節により異なる、鮮やかな植物の色が楽しめる

遊歩道のトチノキを見てスソさんが言う。「縄文時代に気温が低下し、クリ、ドングリ、クルミなどの収穫量が減りました。そこでトチノミを手間暇かけてアク抜きし、食べるようになりました。稲作をするようになると井草川を離れて低地にすみますが、秋になるとやってきて、懐かしい場所でクリを拾ったりしていたかもしれません」。具体的な食べ物の話はとても面白い。同時に、我々が今いただいている食事のありがたさにも思いを馳《は》せた。

さらに下流に進む。井草川の一カ所だけでシジミが採れたという、面白い伝承がある。神戸《ごうど》橋から下流にのみ、いたというのである。シジミ売りの行商人が、売れ残りを橋から投げ捨てていたものが棲《す》みついたのだ、と地元の人は語り継ぐ。本当だろうか。なんだか怪しい話だが、確かめるすべはない。シジミもまた、縄文時代から食されていた。

井草川は、妙正寺池付近で妙正寺川に合流する。往時の妙正寺池は、子どもたちの釣り場としても活気があった。それが1961（昭和36）年5月、突然涸《か》れ始め、10日ばかりで干からびてしまう。近隣の工事が原因というが、詳細は不明。以降は導水され、現在は地下水ポンプアップで賄われている。この妙正寺池のほとりにも遺跡があり、石棒が出土している。雨乞いの舞台でもあり、今も昔も人の集まりやすい地であるようだ。

妙正寺池からは、妙正寺川が流れだす。縄文人はおそらく、井草川と妙正寺川をひと続きの川として認識していたのではないだろうか。ふと、答えのありそうもない問いが頭に浮かぶ。彼らはこの川のことを、なんと呼んでいたのだろう。

改修される井草川、そして現代へ

井草川の流路は今、直線的な形をしている。大正末期から昭和初期にかけての区画整理事業の産物である。井荻村の長、内田秀五郎氏は先見の明をもつ人物で、早々と農村地帯であったこの一角を宅地に改良した。本流および支流の流路も、大きく改変された。

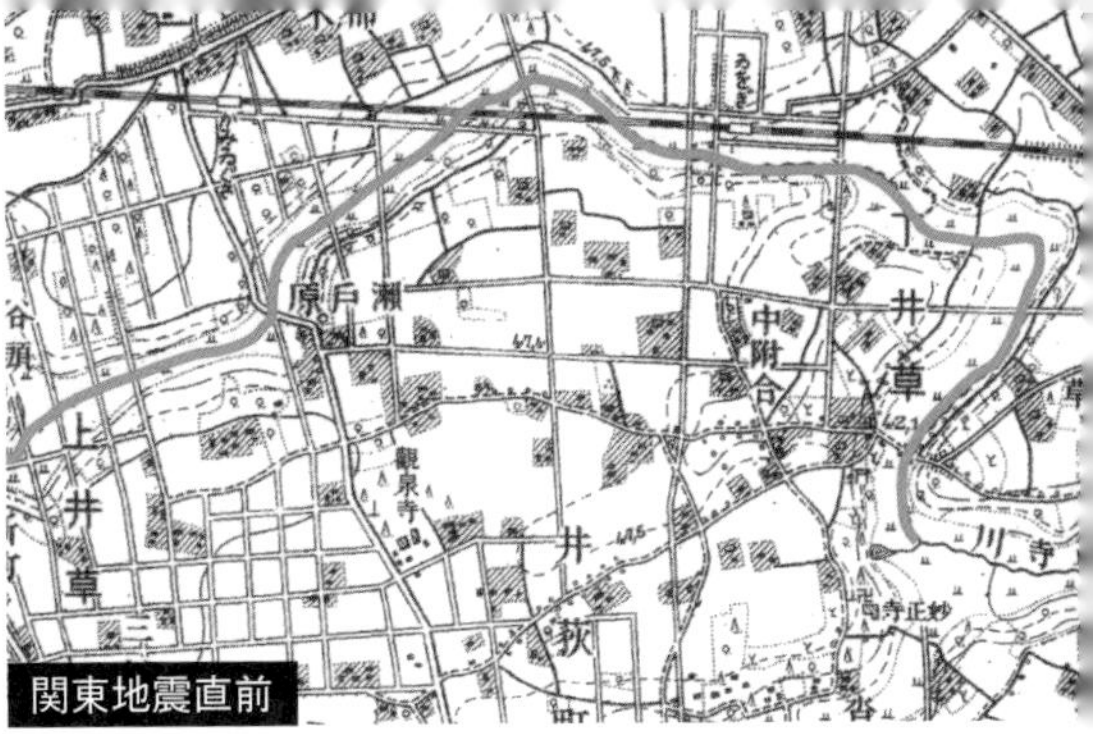

右/井草川、改修前の流路。最下流部の流路がわずかに西流している(東京時層地図)
左/井草川流路全体図(支流も含む)。区画整理により直線化され、なんだかすごろくのような形となった(地理院地図)

改修前の井草川は、自由奔放に流れていたらしい。下流部は特徴的で、流路が東から西に向かっているため、東京の河川の逆であるからと「逆さ川」という異名もあった。逆さ川の部分は、クランクしながら南下する流路に変わっている。

区画整理事業以前の地形は、縄文から続いていたかもしれないものであった。この工事により原地形との齟齬《そご》が生じ、井草川は必ずしも最も低いところを流れなくなった。しかし左右の地面の高さを注意深く味わうことにより、我々は旧井草川の底を感じることができるはずである。

暗渠を歩くとき、湧水点や流路は常に意識される。実はその行為は、水を探して歩く縄文人の感覚なのではないだろうか。縄文式暗渠散歩では、縄文人とともに暗渠を歩く。景色は時代を大きくさかのぼり、縄文時代のものを妄想する。低いほうへ、水の流れへと意識を向け続ける。いつの間にか、自らも縄文人になっているのかもしれない。

【初出】「井草川暗渠に縄文人現る!」(『東京人』2018年8月号)に加筆修正

【主要参考文献】
杉並区教育委員会編『杉並の通称地名』1992年
杉並区立郷土博物館編『杉並の川と橋』2009年

ハノイの暗渠にかつての東京を見た

【ベトナム・ハノイ】

吉村 生

20代の頃、なんとなく「若いうちに行くべき国」と、そうでない国とがあった。「行くべき国」の中にも行きそびれた国がいくつもあり、なんだか忘れ物をしたような気がしていた。ベトナムは、そんな国の一つだった。タイに比べ、唐辛子の刺激がなさそうなことが、若いうちにという誘引を下げていたのかもしれない。

近年は、旅行の目的が明確になった。暗渠を探すこと。そのためには、川や谷が多そうな都市がよい。加えて本業の都合上、あまり長くは滞在できない。となると、アジア圏が増える。それから、安い酒とうまい飯。愛読漫画『酒のほそ道』（ラズウェル細木）に出てきたビアホイは、一杯20円に満たない酒である。暗渠を見ながら、ビアホイを飲みまくりたい。そうやって選ばれたハノイは、地図で見ても水分豊富であり、しかも、漢字で書くと「河内」。これはもう、明日にでも行きたい、と思った。

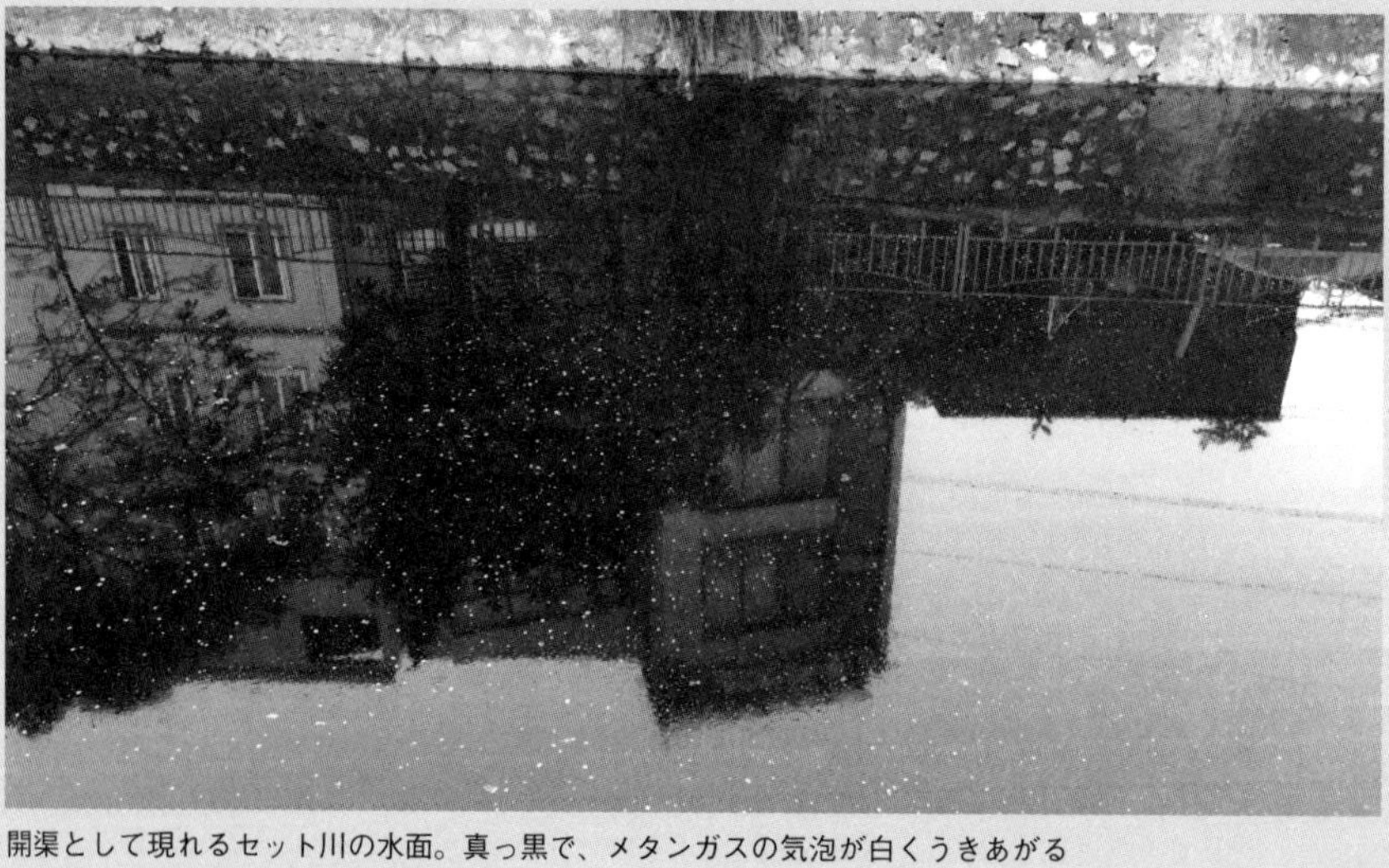

開渠として現れるセット川の水面。真っ黒で、メタンガスの気泡が白くうきあがる

かつてのハノイは低湿地で池ばかりがあり、埋め立て、悪水路をつなぐことで都市をつくっていったようである。すなわち、固定的に河川があったわけではなく、現在地図にある川たちは、ヒトの都合で生まれたものだ。また、近年の著しい開発のため、高度経済成長期の東京のような状況になっているようだ。

暗渠を探しにきたはずだ。しかしその、「かつての東京」を流れていた川に似た川を、どうしても見たくなった。

地図を確かめ、セット川へゆく。途中までは道路の下を潜っており、暗渠部分に植栽がある点など、既知の暗渠と似ている。しかし開渠の起点に回ると、そこには見たことのない雰囲気の水が流れていた。黒い。しかも、底までずっと。「プツプツと底からあぶくが上がってくる。魚が呼吸している様子はない。川面全体から音がし、あぶくが出ている。これがメタンガスというものか。においがするばかりか、目が痛い。川べりには土の山があり、子どもが遊び、野犬がいた。見たことのないはずの、「かつての東京」の川がそこにあった。

暗渠はどんな感じだろう。街中にはコンクリート蓋がけの下水路が縦横無尽に走っている

ハノイの街が都市となったときに生まれたであろう、トーリック川支流暗渠。古い、しかしつややかなコンクリート蓋がならぶ

路地を抜けると、突如視界がひらける。川べりにある工場で扱うらしいステンレスの器具がてんこもりになっているが、その下にトーリック川支流がある

風景が一変。蓋の間を覗くと、ゴミと汚水しかなかった。トーリック川支流暗渠は第二形態への進化中というところか

周辺の家々からの排水が、瓦礫の中に小さな谷をつくり、トーリック川支流に流れ込む

が、もう少し、川跡めいた暗渠を見てみたい。

ガイドブックをみると池があり、川の始まりとなっている場所があった。その池のあるはずの場所は、新しくもない市場だった。地図が更新されていないのだろう。１８７３年の地図でも、そこは池が連なる地帯だった。埋め立て時に、水抜きや生活排水路、雨水路として造成された川があるはずだ。

魚の屋台の前に立ち、ふと路地に目をやる。あった……！　そこには古く頑丈で、大きめのコンクリート蓋が連なっていた。この水路の先には、トーリック川という開渠があるので、支流といっていいだろう。トーリック川の支流暗渠は、市内の下水路とは年季が違う、とても重厚な暗渠だった。嬉しさに胸がはずむ。

ところが路地を抜けると、景色が一変した。ふたたび、見たことのないものが現れた。最初は意味がわからなかった。うなり声のようなも

トーリック川支流暗渠をずっと追っていくと、開渠に変わった。古写真で見た、神田川の数十年前の姿を思い出す

のが出るだけで、言葉にはならない。

　コンクリート蓋は、ピカピカの真新しい白いものになっている。その代わり、周囲が瓦礫で覆われていた。水路の両脇にあった古い建物を壊した直後なのだ。工場や住宅から、瓦礫を縫ってむき出しの排水がトーリック川支流に流れ込む。すぐ横では高層ビルが新築され、ベンツが停まっていた。古いものをなぎ倒し、新しいものがつくられる。わたしの知る風景でたとえるならば、そこにあったのは、シン・ゴジラが呑川をさかのぼり、街を破壊したときの風景と、まったく同じものだった。

　ここに住んでいた人に話を聞いたわけではないし、誰も悲しんでいないかもしれない。前向きなことなのかもしれないが、再生の現場は、少なくともわたしには息苦しかった。

　街が生み出されるとき、その街が生まれ変わるとき、川はまとめ上げられ、改修され、蓋がけされ、流れる水の内容も変わりながら、ただただ黙ってそこにいる。川は何も言わない。いつでもすべてを受け入れて流れるだけである。そこにあったものが消えるときの痛みは、川という涙となって、蓋の下に消えていくのだと思った。おそらく1年後、ここにはまったく異なる風景があるのだろう。

第8章 人物と暗渠

誰かを想いながら
辿る暗渠。
誰かを感じながら
歩く暗渠。

「ジョアン・ジルベルト」で味わう水窪川暗渠

髙山英男

ものさしを替えると、新しい世界が見えてくる?

知り合いの地球科学者から面白いことを聞いた。

「年を、お金に置き換えてみるといいですよ」

縄文時代草創期と言われる1万5000年前くらいまでは、その時間の長さを想像できる気がするが、日本列島ができた1500万年前ともなると、もうどれだけ前のことだか見当がつかなくなってしまう。そんな時に教えてもらった言葉だ。

縄文時代が1万5000円（ちょっと奮発すれば出せるぜ）とすると、日本列島誕生は1500万円（ローン、組めるだろうか）。地球の誕生は46億円（一生縁がない）。こう考えると、その量感がたちまち直感的に理解できる。

時間とお金なんて、まったく違う性質の価なのに、同じスケールに並べることで、なんだか新しい世界が目の前に広がるような気がしてくる。また、「人生100年時代。40歳なんて、1日にたとえたら、まだまだ午前中」なんていうのも、同じ時間を扱っていながらも、そのスケールを伸び縮みさせることで新たな気づきを与えてくれる。どうやら「単位やスケールを適切に入れ替える」と、面白いことが起こるようだ。

これを暗渠に応用することで、新たな愉しみ方が生まれるのでは？　そう思って、「流路経年鑑賞法」というものを考えてみた。川や暗渠の全長を、ある人物の人生年表（時間）に重ねて味わう方法である。

「余白」がとりもつ、ジョアンと暗渠

ジョアン・ジルベルト（João Gilberto）というブラジル人をご存じだろうか。1931（昭和6）年生まれ。「バチーダ」と呼ばれる演奏スタイルを創造することで、賑やかにたくさんの楽器を打ち鳴らすブラジルの民族音楽・サンバのリズムとハーモニーをギター1本で再構築した男である。1958（昭和33）年、「シェガ・ヂ・サウダージ」の発売とともに、そのスタイルは「ボサノバ」として世界を驚かせることになる。

ジョアンのステージは、自身の声とギター1本が基本。その豊かな余白を持つ音に、禅の心を見出したファンも多い。写真は著者愛蔵の品々

ボサノバを創った男こそが、ジョアン・ジルベルトなのだ。

最小限の音数でつくる彼のサウンドは、いわば余白だらけだ。しかし、その余白は濃密に煌《きら》めいている。その豊かな余白を愉しむのが、彼のボサノバなのである。

そのありようは、都市のつくった余白ともいえる暗渠と、どこか共通点があるのではないか。そんな思いを抱く私はもちろんジョアンの大ファンだ。もしかしたらジョアンも、暗渠を知ったら夢中になったかもしれない。

そんなジョアンの人生を、「流路経年鑑賞法」を使って味わってみることにしよう。[注1] それにしてもこの名前、「墾田永年私財法」みたいに長くてとっつきにくいので、適当に英語をあてて「Joint Of Aging Outline 法」、さらに略して「JOAO（ジョアン）法」と呼ぶことにする。できすぎた名前ではないか。

（注1）本稿はジョアン氏存命中の2019年5月に書き上げた。残念ながらその2カ月後、ジョアン氏はその生涯を終えたが、ここでは執筆当時の「ジョアン100歳まで」という想定のまま、あえて修正を入れない。

それを水窪川にした理由

ジョアンの人生を重ねるのにふさわしいのは、どの暗渠なのか。まずはせっかくだから歳が近い、すなわちジョアンの生まれた1931年あたりに暗渠化された川がよいか

と思い、豊島区から文京区を流れる「ふたご川」とも呼ばれる2本に着目。水窪川（別名音羽川）、そして弦巻川だ。「音」に「弦」とは、これまたお誂《あつら》え向きではないか。

2本のうちどちらにしようかと迷ったが、水窪川源流である美久仁小路《みくにこうじ》（豊島区東池袋1丁目）に出向いてみて、こちらで行こうと即決した。すぐそばに「ジョアン」を名乗

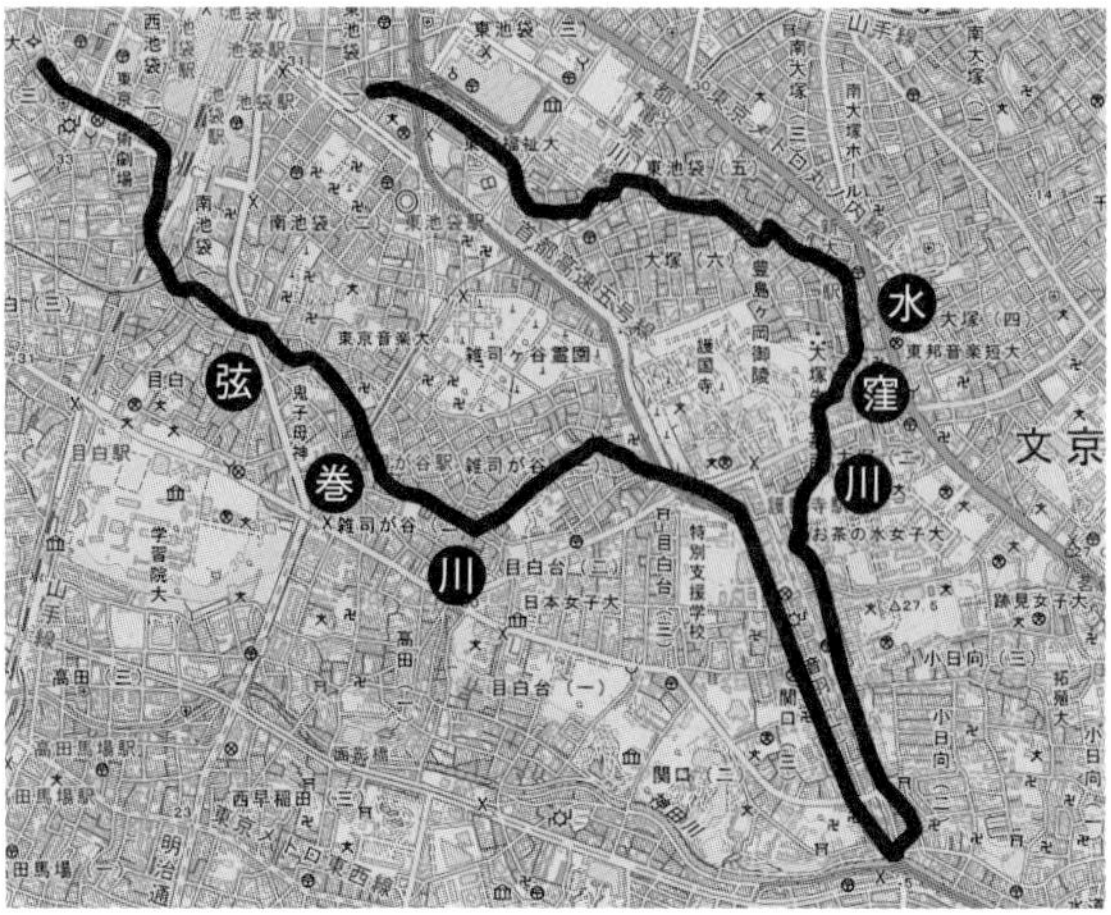

生まれ年がジョアンと近い２本の暗渠の流路は、ギターを逆さまにしたようにも見える、と言ったら強引か（地理院地図）

る焼肉店が、堂々と店を構えていたからである。できすぎた選択ではないか。

川も決まったので、さっそくJOAO法の準備に取りかかろう。

水窪川暗渠は、全長約3・5キロだ。仮にジョアンが100歳まで生きるとして、川の全長のうち、何歳が何キロに位置するかを計算しておく。別途、ジョアン年表を作成し、大事な出来事が水源から何キロ地点にあたるかを流路にあてはめる。

ここで、ジョアンの人生をざっくり紹介しておくと、ブラジル北東部のバイーア州という田舎で初めてギターを手にし、ノリノリでリオに向かうが、まったく売れずに挫折。ひとり引きこもって、一日中ギターと向き合う日々を送る。そんな「修行」の

水窪川の水源近くにある焼肉店「叙庵（ジョアン）」。〔冗談のような展開にうれしくなる。ちなみにジョアン本人はステーキを毎日食べていたという

果てに、バチーダという奏法を開発、リオに戻ってこれを披露し、音楽関係者を片っ端から驚きでひっくり返らせる。その後、アントニオ・カルロス・ジョビンが作曲した「シェガ・ヂ・サウダージ」のリリースによって、世間にその音楽を「ボサノバ（新しい感覚）」と呼ばしめることになる。ジャズ界からの熱い誘いを受けて実現した、ニューヨークのカーネギーホール公演を機に、ボサノバは世界中でヒット。ニューヨーク、メキシコ暮らしを経て、50歳を前にブラジルに帰国する。２００３年、72歳で満を持しての初来日、日本公演を大成功させる。この日本公演のきっかけをつくったのは、１９６５年にジョアンと結婚したミウシャだ。以降、２００４年、２００６年と来日公演を行ったが、２００８年、4度目の日本公演は体調不良のために中止となっている。そして２０１９年、２００６年の日本公演の記録が世界初の公式ライブ映像として発売された。

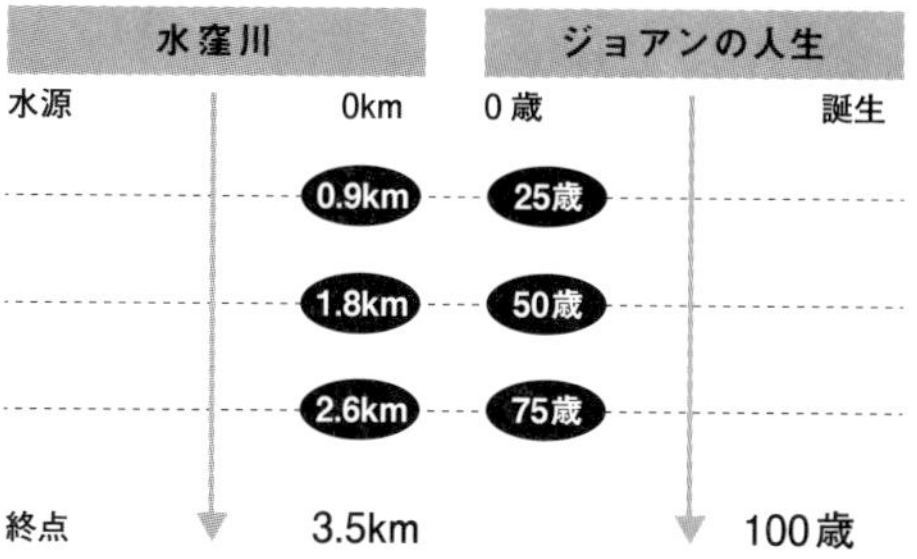

対象となる暗渠の全長を地図アプリなどで測定し、それを年齢や年代に当てはめていく。ここではジョアンが「100歳まで」と仮定する

このようなエッセンスをいくつか地図にプロットしておけば、もう完璧。あとは現地に向かうのみだ。この後のフィールドワークももちろん愉しみだが、事前にちまちまとデータまとめの作業をするこのひとときも至福である。

JOAO法で味わう水窪川

いよいよ現地入り。「叙庵」を横目に見つつ、ポルトガル語っぽく「ジョアン……」と小声でつぶやきながら、水窪川の水源に立つ。

ここからジョアンの人生が始まるのだ、と思うと、身が引き締まる思いだ。水窪川は何度も辿《たど》っている暗渠だが、明らかにいつもと違った心構えでいることに気づく。

父からギターをもらって音楽の道に入る15歳。水窪川では日出町公園がそこにあたり、今まで水の気配が感じられない暗渠にようやく水が現れる場となっている。

0歳

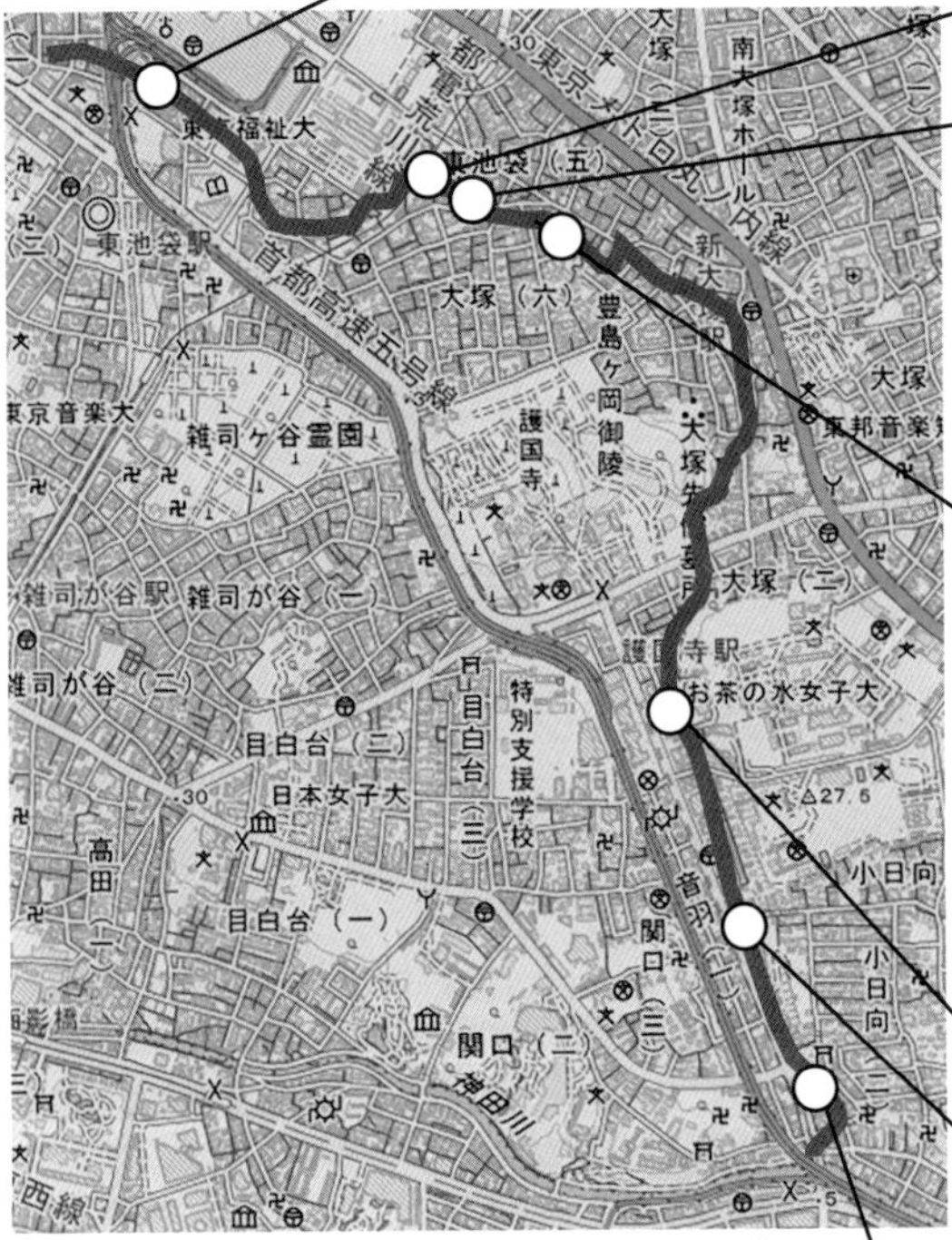

100歳

年表を作り、それが全長3.5kmのうち、どの地点にあたるかを計算する。「全長（3.5㎞）÷最終想定年齢（100歳）×当該年齢」で算出

●1931年　0歳
ブラジル、バイーア州に生まれる

●1946年　15歳
父から１本のギターをもらい、バンド結成

●1950年　19歳
あるバンドにボーカルとして参加するためリオへ

●1955年　24歳
売れず。失意のうちにリオを去る

●1958年　27歳
バチーダをひっさげ「シェガ・ヂ・サウダージ」録音

●1962年　31歳
カーネギーホールのコンサートに参加。NY移住

●1964年　33歳
アルバム『ゲッツ / ジルベルト』発売

●1965年　34歳
ミウシャと結婚

●1979年　48歳
ブラジルに帰国

●1991年　60歳
アルバム『ジョアン』発売

●2001年　70歳
グラミー賞ベスト・ワールド・ミュージック・アルバム賞受賞

●2003年　72歳
初来日。計４回のコンサート実施

●2004年　73歳
２回目の来日。計６回のコンサート実施

●2006年　75歳
３回目の来日。計４回のコンサート実施

●2008年　77歳
ボサノバ生誕50年。４回目の来日が中止

●2019年　88歳
2006年の日本公演記録、世界初の公式ライブ映像として発売

右／低層の飲み屋が連なる美久仁小路から、サンシャイン60を見上げる。ジョアンが将来、世界中から尊敬を集める存在となることを暗示しているかのようだ
左上／日出町公園の池。流路に初めて水の気配が現れる地点は、ジョアンの人生でいえば父からギターを受け取った15歳にあたる。ここからボサノバの源流が溢れはじめる
左下／バスルームでの「修行」時代にあたるのは、住宅街に寒々と残る廃屋と荒畑だ。ここで自分と向き合い、やがて世界を驚かすバチーダが生まれる

そして25歳前後、リオで屈辱を味わったジョアンは、ひたすらバスルームにこもって、ギターを弾き続ける。細くて暗い暗渠道とその岸辺に続く荒涼とした廃屋風景がよく似合う。

その後、ボサノバ誕生を告げる名曲「シェガ・ヂ・サウダージ」を世に出し、ブラジル音楽界に革命を起こした27歳、1958年はひとつの文化の境目である。これにシンクロするかのように、ちょうど水窪川も豊島区と文京区の境界を走るのだ。

細い暗渠路地を抜け、二車線道路に出て、急に見晴らしがよくなる大塚6丁目11番地あたりが、ちょうど複数のグラミー賞を獲得した世界的アルバム『ゲッツ／ジルベルト』の頃。その直後、1965年にミウシャと結婚となるが、ここで水窪川沿いにレストラン「三好弥《みよしや》」が現れるのだ！ あまりの驚きに、思わず「みよしや、みょうしゃ、みうしゃ！」と叫んでしまう。水窪川をJOAO法の対象に選んだのは半分冗談だったが、ここまで符合するとは正直、思っていなかった。

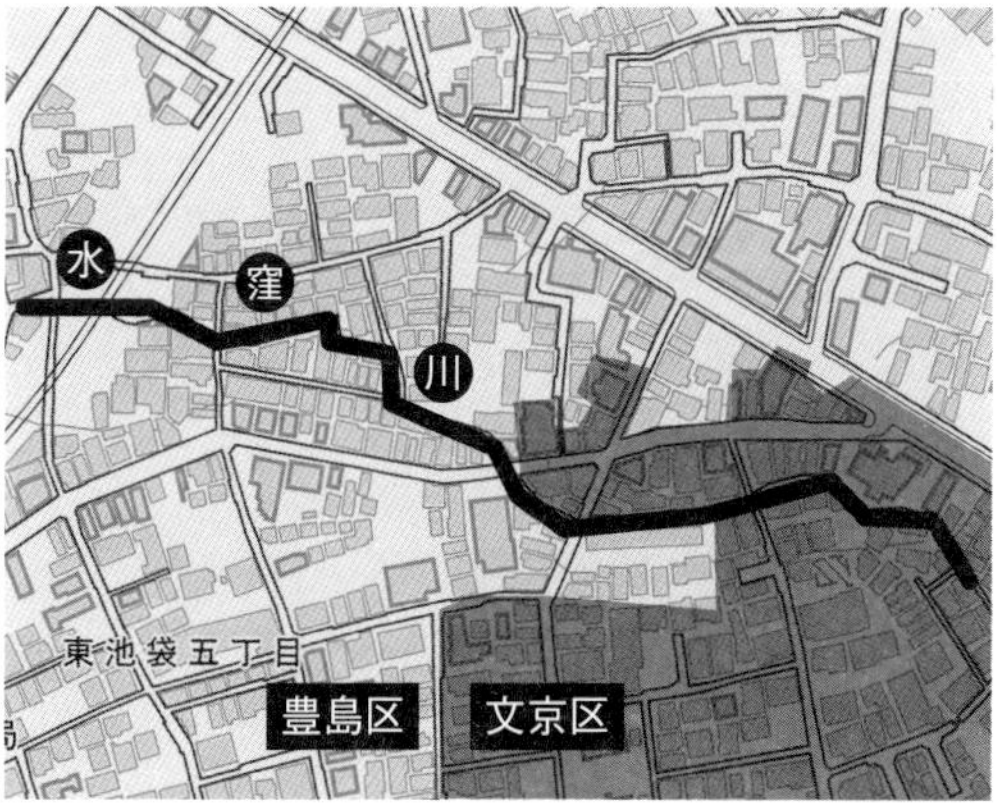

水窪川が二つの区の区境を刻む地点は、ジョアン27歳。ブラジル音楽界にとっても大きな節目の年であった（地理院地図）

ニューヨークやメキシコを拠点に活動を続けてきたジョアンは、48歳となった１９７９年、ブラジルに帰国する。このころ、水窪川も大塚５丁目吹上稲荷《いなり》の鳥居をかすめ、ジョアンがバチーダを研究していたときのような、細い暗渠道に変わっていく。

不忍通りを越えて、お茶の水女子大学の崖下をずんずん行けば、やがて70代。初来日の２００３年、２００４年、２００６年と、我々日本人が最もジョアンを身近に感じることができた夢のような時代に入る。そこは水窪川随一のダイナミックな景観が堪能できるエリアだ。切り立つ崖、その谷底を流れる（流れていた）川。東京に刻まれた、荒々しいほどの自然のパワーを直に感じていただきたい。

上／都内を中心に暖簾分けで増えた洋食屋さん「三好弥」
下／文京区小日向台の切り立った崖と水窪川。建物で埋め尽くされ地形が見えづらくなった現代、東京の凸凹を身近に感じることができる数少ない場所だ

そして77歳、２００８年、４回目となるはずだった日本公演は直前で中止に。水窪川もその場所、音羽１丁目８番で突然マンションの敷地に阻まれ、いったん流れが追えなくなってしまう。当時、私自身も早々にチケットを確保しながら、その日を落胆とともに迎えたが、行き止まりに高くそびえるマンションに向き合うと、その時の気持ちがありありとよみがえる。

それから10年以上が過ぎ、88歳を迎えた２０１９年のジョアン。かつての日本公演の模様を収録した限定ブルーレイディスクが、世界初の公式ライブ映像

右・中／川べりの崖から水が湧いている。さほど水量があるわけではないが、静かにしっかりと水の存在を主張しながら水窪川へと流れ込んでいく
左／水窪川は東京メトロ有楽町線江戸川橋駅あたりで神田川に合流する。そのそばには、水窪川を見守るようにもう１軒の「三好弥」が

として発売された。それは、これまで頑なに記録映像の商品化を拒んできたジョアンからの、日本、いや世界のジョアンファンに向けた、大きな大きなギフトである。この地点での水窪川では、川を愛おしみ、辿ってくれた者への贈り物のような、崖下からの清らかな湧き水を見ることができる。(注2)

やがてほどなく水窪川は神田川に合流し、全行程約3・5キロの旅を終えることになる。余談だが、神田川合流地点のすぐ向こうにも、江戸川橋「三好弥」が暖簾を構えていた。ミウシャはといえば、2018年の暮れに81歳で亡くなっている。三好弥が、一足先回りして、ジョアンの人生を見守ってくれているようだ。

(注2) ジョアン氏は2019年7月6日、88歳で鬼籍に入った。JOAO法では、それが水窪川に今も恵みと祝福を授けるこの湧水地点にあたることを改めて付記しておく。どうもありがとう、ジョアン。安らかに。

JOAO法で暗渠に新たな解釈を

というわけで「JOAO法(流路経年鑑賞法)」という方法で、ボサノバの神様ジョアン・ジルベルトの人生をレビューしながら水窪川暗渠を歩いてみた。水窪川は、これまで何十回と歩いてきた私のフェイバリット暗渠の一つである。しかし今回、JOAO法を使うことで、まったく味わいの違う暗渠となって私の前に立ち現れた。強引なこじつけも多いとお思いかもしれない。しかしそれは、私だけが感じることができる、私が発見する暗渠の新しい魅力なのだ。私にとって、もうこの暗渠は「ジョアン川」なのである。

普段から見慣れた暗渠でこそ、さらに深い味わいを感じられるのがJOAO法だ。あなたの大好きな暗渠で、あなただけの魅力を発見してほしい。

【参考文献】
譽田亜紀子『知られざる縄文ライフ』誠文堂新光社、2017年
菅原健二編著『川跡からたどる江戸・東京案内』洋泉社、2011年
B5ブックス編『ボサノヴァ』中央出版アノニマ・スタジオ、2004年
宮田茂樹編『JOÃO GILBERTO JAPAN TOUR 2003』プロマックス、2003年
宮田茂樹編『JOÃO GILBERTO livro MMXIX』プロマックス、2019年
ルイ・カストロ著、国安真奈訳『パジャマを着た神様——ボサノヴァの歴史外伝』音楽之友社、2003年

文人とともに夜の妄想暗渠さんぽ
——蟹川と六間堀、五間堀

吉村 生

昔の文学作品に、現在の暗渠が開渠として登場することがある。その描写を小脇にかかえ、暗渠を歩きにいこう。そんなさんぽには、夜がよく似合う。

井伏鱒二と蟹川

夜の暗渠というと蟹《かに》川を連想する。夜の街を通り抜ける暗渠であるからかもしれないし、蟹川を歩くときそのほとんどが夜であるから、かもしれない。

明治期の歌舞伎町周辺。左下にみえる池が大村邸の鴨池、そのやや北にある谷が北東へとつづく。これが蟹川の流路である（東京時層地図）

蟹川とは、新宿・歌舞伎町を抜け、戸山公園を抜け、早稲田大学をかすめ、神田川に注いでいた川である。加二川、金川と呼ばれることもある。支流は、太宗寺付近から出るもの、牛込柳町から弁天町を通るものなど複数ある。かつて太宗寺付近は大きな窪地を利用した庭園で、水源となっていたが、市電開通により地形もろとも失われた。また太宗寺近くには赤線と青線があった。蟹川本流が近くをかすめるゴールデン街も、また青線であった。新宿区の色町の位置は、時代とともにゆれ動く。現代、その機能は西に行き、歌舞伎町に吸い込まれている。色町にも、夜はよく似合う。

歌舞伎町弁財天は花道通りから歌舞伎町の内側に少し入るとある。王城ビルやキャバクラといった周囲の建物との融合が怪しさを際立たせている

かつて歌舞伎町は湿地帯であった。蟹川の跡は、花道通りとなる。コマ劇場跡は、明治期は大村伯爵別邸であり、鴨池を有していた。その敷地を実業家・峯島氏が買い取り、それを戦後、芸能の街にしようと計画的にできたものが歌舞伎町である。整地の際、池から出てきた多数のヘビを樽に入れて埋めたため、関係者がヘビの夢を何度も見たと恐れられ、上野不忍池の弁天様を勧請したという。夜暗渠さんぽのスタートは、この歌舞伎町弁財天を拝むことから始めてもいいかもしれない。

夜に蟹川を歩くことは、いかにも蟹川に合っている。しかし、夜

こちらは江戸川橋付近で蟹川に流れ込む支流。カーブと、古いマンホール、そして井戸を思わせる蛇口が見える

の花道通りはあまりに人が多い。無意識に体がこわばっていたらしく、歌舞伎町を抜けると体がほどけてきた。都合よくもその先には、暗渠酒場が待っていた。面構えですでに、よい酒場だとわかる。ふらりと入り、少し飲み食いをし、自らをととのえる。

西向《にしむき》天神の下を抜け、住宅街へさしかかる。江戸時代、砂利を採集したので砂利場と呼ばれていた地帯だ。蟹川本流は比較的太い道で、蛇行している。大久保通りが堤防のように立ちふさがるため、迂回《うかい》すると、左手に支流の細道。入っていくと、朽ちた井戸もある。ぴん、と張った空気。自分の足音しか聞こえない、上流部の喧騒《けんそう》とは別世界に入り込む。

戸山公園にくると、高低差が突如強調される。いっそう静けさが増す。戸山団地があり、あかりもついているのだが。この戸山公園、江戸時代は戸山荘と呼ばれる、尾張徳川家の下屋敷があった。広大な庭園を有し、池を掘り下げた土で山を築き、滝までしつらえていた。幕末には荒廃し、明治には陸軍用地となったが、池はしばらく残ったらしい。

時は変わって大正。井伏鱒二が付近に下宿していたことを随筆『早稲田の森』で知った。彼は学生時代、蟹川のことを芭蕉川と聞き、そう呼んでいた。原稿のために再訪したところ川がなくなっていたため、その成り行きを聞き込みに行く。陸軍用地時代、蟹川を境に鉄条網が張られていたこと、沢蟹がたくさんいたことなどが知らされる。実は井伏は下宿時代にすでに、沢蟹を見ていた。山桑の木につるされた長縄について下宿先の婆さんに尋ね、それは陸軍用地に忍びこむ仕掛けで、「子供たちは森のなかの川へ沢蟹を捕りに行くのだ」との回答を得るのだが、この回想が実に好い。そして雉《きじ》の子を見ようと井伏も中に忍びこみ、枯葉に覆われた蟹川を見つけ、沢蟹を愛でている。

戸山団地を抜けると、早稲田大学の敷地が連なる。このあたりの蟹川は、断片的にしか歩けない。早稲田鶴巻町付近は地形としては平坦だが、よく水の湧く土地だったらしい。山吹町に住んでいた人は浅井戸の水量がとても多かったというし、軒下に流れる下水が澄んでいて、金魚が泳いでいたという。蟹川は、こうした水たちも集めたことだろう。

蟹川の暗渠化は昭和初期と早かったため、あからさまな痕跡はそう多くはない。しかし下流部では支流や分流が入り交じり、川跡らしい道が増えてくる。それらを辿りだすとまた夜が深まってゆくが、うまい具合にそこは江戸川橋駅付近。また新たな飲み屋に入り、喉を潤すことができる。

荷風を追って六間堀、五間堀

小名木《おなぎ》川と竪《たて》川を結ぶ六間堀と、六間堀から斜めに分岐する五間堀は、江戸時代、１６５９年頃に開削されたといわれる。灌漑《かんがい》と水運に用いられた人工水路だ。五間堀ははじめ堀留であったが、明治になって小名木川までつながった。名の由来は、それぞれ、川幅からきている。池波正太郎も扱った、母娘が父親の仇を討つ「深川猿子橋」は、六間堀にかかる猿子橋が舞台である。

この六間堀、永井荷風が訪れ「深川の散歩」に記している。荷風と親しい井上唖々《ああ》が水路に沿った長屋に住み、謙虚な長屋暮らしを楽しむさまを描いたのだ。まず猿子橋を荷風は通過するのだが、この描写がひどい。「猿子橋という木造の汚い橋」から見えるのは、トタンぶきの家々が六間堀の「濁水をさしばさみ」、「襤褸《ぼろ》きれを翻しながら」細長く続いているようすだった。東京でこれほど「暗惨に

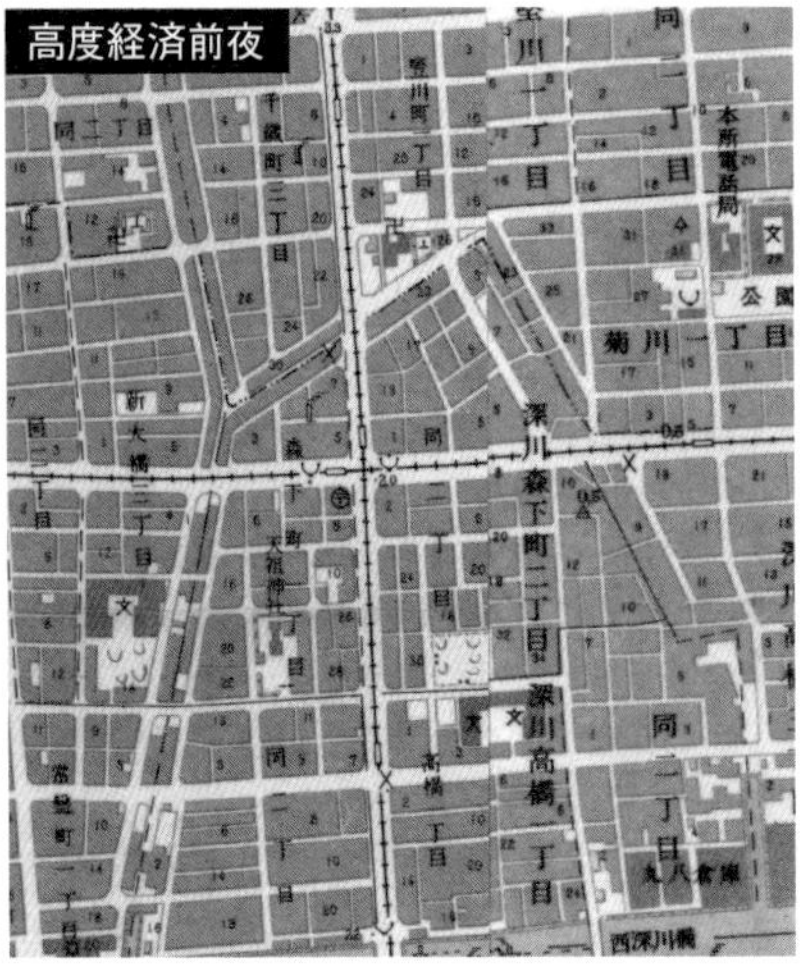

碁盤の目状の街区のなかに、斜めに浮き上がるのが六間堀、五間堀の跡である。小名木川と接続する部分に、わずかに開渠が残っている（東京時層地図）

して不潔」な川はない、とまで言っている。

その荷風の六間堀の道のりを、追った男がいる。野口冨士男である。野口はその考証を小説にし、「夜の鳥」と題した。六間堀そのものというより、六間堀の最末端部を見たいという動機を彼はもっていた。そして森下へ行き、五間堀公園で休憩をとりながら地図を広げる。荷風はざっくり六間堀としているが、実際は啞々の家は五間堀沿い、五間堀公園の至近であった。野口は暗渠となった五間堀跡を過ぎ、末端へ行く。すると「森下三丁目第3児童遊園」という、何の遊具もない公園があり、囲うフェンスの向こうに、目指す水路の切れっぱしが残っていた。この公園の描写は、いかにも川跡らしい。

五間堀、弥勒寺橋跡に軒を並べる飲食店。洋食店、秋田料理店、焼鳥屋、天ぷら屋。洋食店と秋田料理店の間には区境も走っていたが、現在はすべて取り壊されている

左手に工場、右手に丸八倉庫、そして淀んだ水の、おびただしいゴミの浮かんだ水路が、100メートルほど残っていた。

五間堀は一部が1936（昭和11）年に埋められ、六間堀が1951（昭和26）年、五間堀の残りが1955（昭和30）年に埋められた、と文献にはある。しかし、その後も六間堀と五間堀の先端はわずかに残されていた。

さて彼らの後を、わたしも追ってみよう。野口が休憩をした五間堀公園へ行く。五間堀公園の隣には弥勒寺橋がかかり、その跡は盛り上がっているのでよくわかる。そしてその橋のたもとに、感じのよい飲食店が

六間堀の凜とした細道。六間堀と五間堀の散歩は、森下駅の周辺をくるりと回るだけ。コンパクトなものなので、終電も逃さないで済むだろう

5軒、連なっていた（残念ながら、2020年現在、飲食店群は解体されてしまった）。

五間堀の端をめざす。野口らが五間堀のかけらを見ることができた「森下三丁目第3児童遊園」は健在で、わずかばかりの遊具があった。その先には、また別の公園があった。五間堀の末端は1982（昭和57）年から高森公園となり、誰でもこの川跡に出入りできるようになったのだ。左手の工場は団地になっていたが、右手は丸八倉庫のままだった。荷風が見た景色を、野口は部分的にしか見ることができなかった。わたしもまた、彼らが見た風景をわずかにしか見ることができない。しかし、わたしは彼らの見た水路の上を、歩くことができる。

小名木川に出る。小名木川は急流で、船が止まるとか、よく人がおぼれてしまったという描写がある。水門まで歩くと、その黒々とした流れがなかなか速いことがわかる。あまり長くは見ていられない。夜の水面は、見続けるとそのままどこかへ連れていかれそうな、不可思議な引力をもっている。

小名木川にかかる高橋《たかばし》には船の発着所があり、往時はたいへん賑わっていた。高橋のらくろ～ド商店街は、夜になると露店がずらり並ぶので、夜店通りと呼ばれていた。揚げたてをソースで食べるフライや、カステラを揚げた揚げ団子など、屋台の食べものは妙に魅力的

だ。夜の零時ころまで、賑わっていたという。

六間堀の付け根に入る。猿子橋に行くと竹の山に目を奪われる。江戸時代からあった竹河岸の名残の竹問屋だ。より昔の人の語りを読めば、六間堀が濁水ではない時代のことも見えてくる。子どもの頃、ひもで縛られ廊下から六間堀に放り込まれて泳ぎを覚えた話。泳ぐと、ボートに乗った水上警察に追いかけられるので、やり過ごしてから飛び込むことにしていた話……。今からすると、驚きの営みがそこにはあった。

六間堀跡の路地は途中から細く長く続き、完全に街の裏側となる。啞々のことを表す「夜の烏」（同化して世間からは見えない）と似ている、とふと思う。夜の闇の中、ずんずん進む。かつてここを見た、泳いだ、歩いた人たちを、思い浮かべながら歩く。すると、独りでありながら、いろいろな人と歩いているような心持ちとなる。しかし、独りである。夜の細い暗渠みちは、さまざまな幻影を発する装置でもあるのだろう。

【初出】「不思議な引力を持つ暗渠」（『東京人』2018年3月号）に加筆修正

【主要参考文献】

井伏鱒二『早稲田の森』新潮社、1971年
野口冨士男編『荷風随筆集』（上）岩波文庫、1986年
野口冨士男『なぎの葉考　少女――野口冨士男短篇集』講談社文芸文庫、2009年

タビマエ、至福時間の過ごし方

髙山英男

旅の前、地図で心をときめかす

旅行業界では「タビマエ」という言葉がある。旅行行動はタビマエ、タビナカ、タビアトと分けられ、それぞれの行動と市場があるんだよ、ということだ。

タビナカとはもちろん旅行中のことであり、まさに旅行先で買い物をしたり食事をしたり名所旧跡を見たりする行動である。最近は現場からのSNS投稿なども、見せるほうも見るほうもタビナカを楽しむ行動の一つとなっている。

旅行から戻り、その余韻を楽しむのがタビアトだ。家で写真を整理しながら旅を振り返ったり、誰かにお土産を渡しながら旅の思い出を語ることもあるだろう。

それぞれが旅の醍醐味《だいごみ》だと言えようが、なんといっても一番のわくわくどきどきは出かけるまでのタビマエにあるのではないか。旅先の様子を想像しながら着ていく服を考えたり、選び抜いたガイドブックを読み込んではどこに行こうかスケジュールを練ったり。そんな、まだ見ぬ街への期待に胸を膨らませる大切な時間がタビマエだが、それは私たち暗渠マニアにとっても、積極的に味わい尽くしたい至福の時間なのである。地図を眺め、どこに暗渠がありそうかを想像して楽しむのだ。

「Map de GO!」で暗渠探し

そんなタビマエ行動を繰り返しているうちに編み出した、地図から暗渠を読み取る方法をまとめたものが「Map de GO!」だ。五つの項目からなるので「Map de 5」でもいいのだが、某有名スマホアプリゲームの人気にあやかって「GO!」としているのはお見込みの通りである。

では、一つずつ解説していこう。

地図で見つける MAP de GO!		
	街割りから	❶ 道の乱気流
		❷ 水のあとさき
	道から	❸ はしご道
		❹ フリッパー
	文字から	❺ 橋の名残

大きな縮尺から小さな縮尺へ。だんだんと細部にフォーカスしていく「Map de Go!」。国、地域によっては当てはまらない項目もあるが、そこがかえって面白い

①「道の乱気流」を探せ

まずは大きな縮尺で街割りを捉えてみるところから始めてみよう。「Map de GO!」で最初に挙げるのは、「道の乱気流」を探せ、である。街割り、そしてそれに伴う大まかな道の流れを眺めれば、一定の方向に並行しているとか、格子状や同心円状に並んでいるとか、そのエリアならではのゆるい規則性が見出せると思う。それを摑んで、さらに目を凝らせば、周りに逆らう乱気流のような道が見つかることがあるだろう。そここそは、川跡かもしれない。

名古屋市中村区の中井筋。縦横に延びる道に囲まれる「く」の字形の流路がくっきりと浮かび上がる。まさに道の乱気流だ（地理院地図。以下、本コラムの地図は地理院地図を使用）

奈良市の猿沢池から西へ、奈良駅方面に向かって続くにょろにょろ道。率川（いさがわ）という暗渠だ

京都市右京区の広沢池から有栖川につながる水路の途中が消えている……。向かってみると、見事なカーブの暗渠を確認

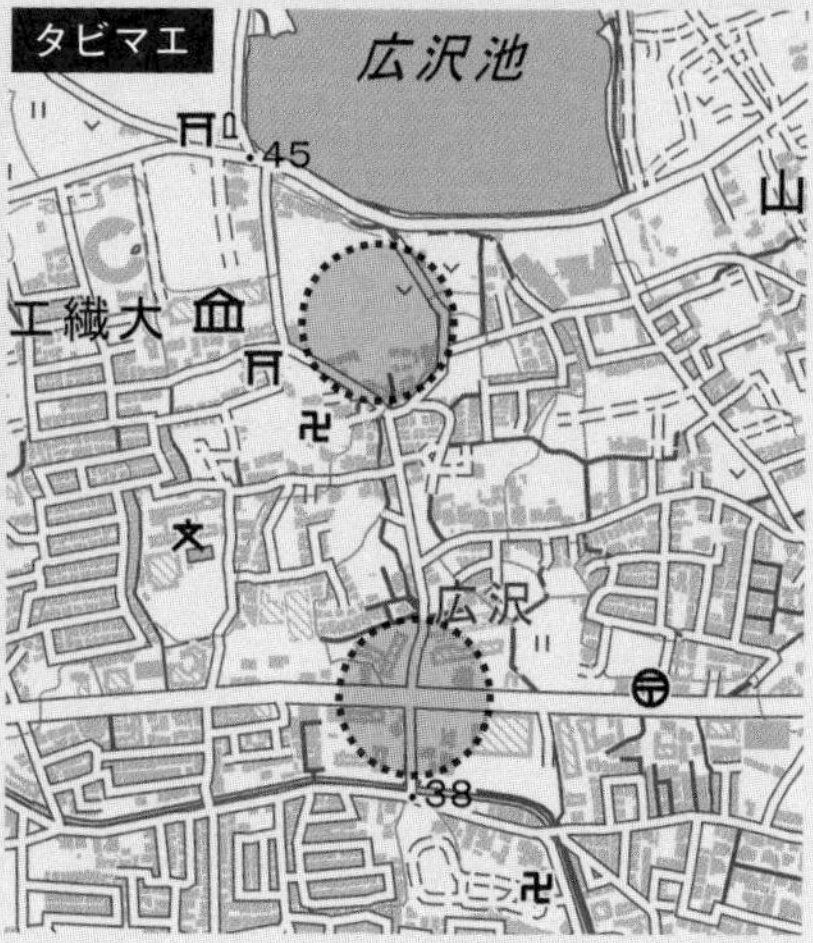

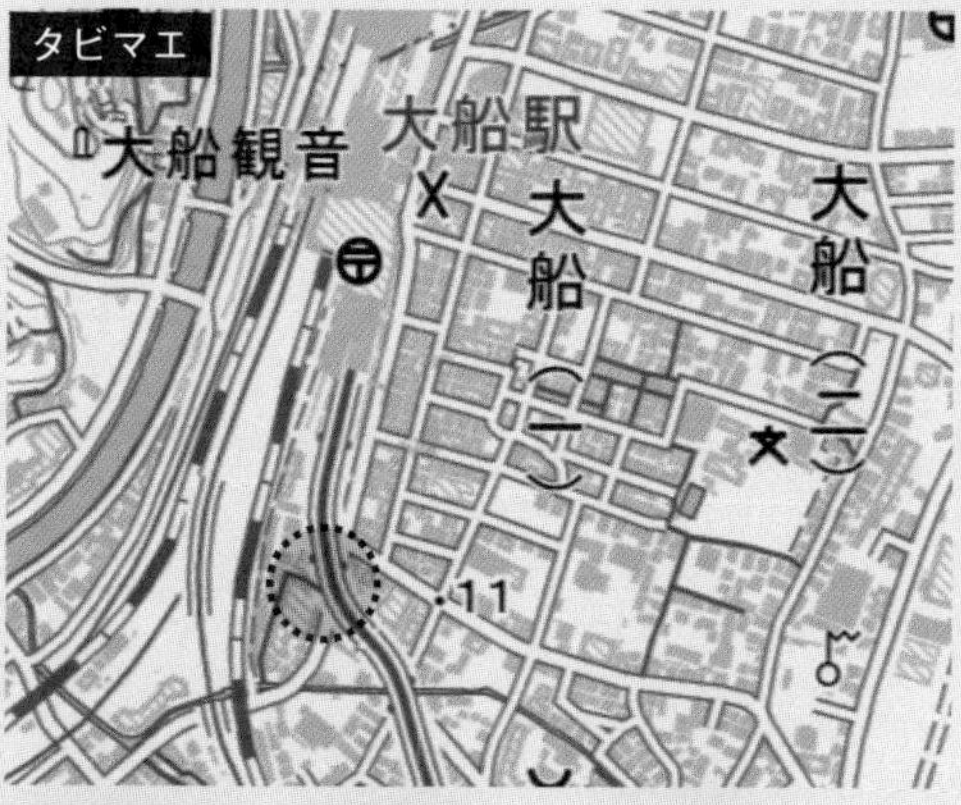

鎌倉市大船駅前、梅田川付近。この先にきっと何かある、と現地に行けば鉄板蓋の暗渠が

②「水のあとさき」に暗渠あり

さらに地図で街割りを眺めていると、突然始まる、あるいは突然終わる水路を見つけることがある。その場で湧いているなら話は別だが、水には必ず入り口と出口があるはずだ。だから周囲に必ず暗渠がある。

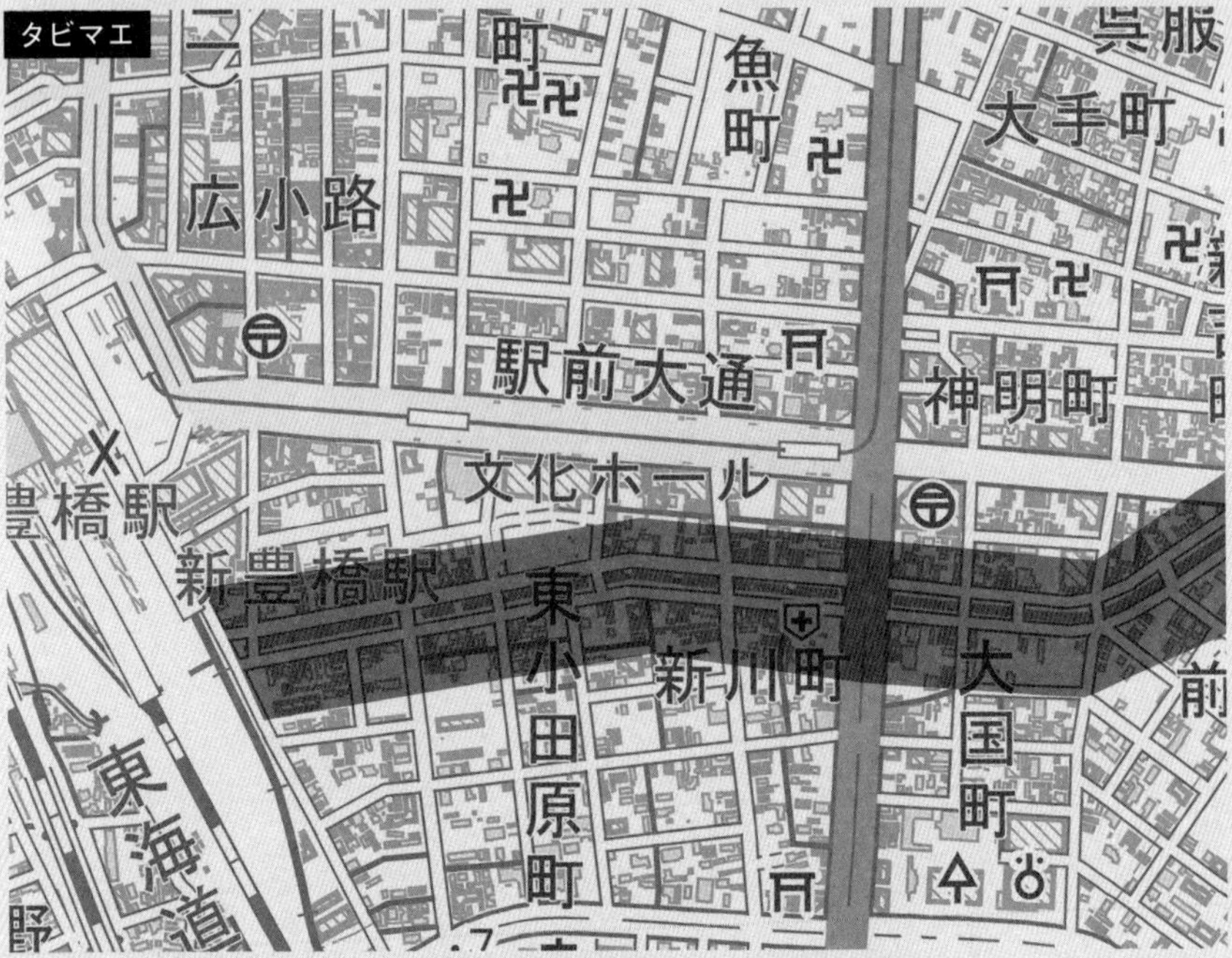

JR 東海道線豊橋駅付近。このはしご道は牟呂用水暗渠

③「はしご道」を疑え

続いて縮尺を小さくし、道路の形状に目を向けてみよう。まず見るべきは「はしご道」だ。はしごのように、並行する2本の道とそれらをつなぐ何本もの短い道とで構成されているところはないだろうか。このような場所は真ん中がもともと川で現在緑道などに変えられ、その両脇に車道を通している、というパターンが多く見られる。

④「フリッパー」は車止め？

引き続き、道の形状に着目。地図によっては、ピンボール台の手もとでパタパタと動かしてボールをはじく「フリッパー」のようなものが道の出入り口に描かれているケースがあり、この多くは「車止め」を表している。車止めとは「車の進入を阻止する」構造物で、地下に水

暗渠上には緑道でなく何棟ものビルが建ち並び、「水上ビル」として暗渠的名所となっている

路があるため大きな重量に耐えられない暗渠では、頻繁に見かけることができる物件である。

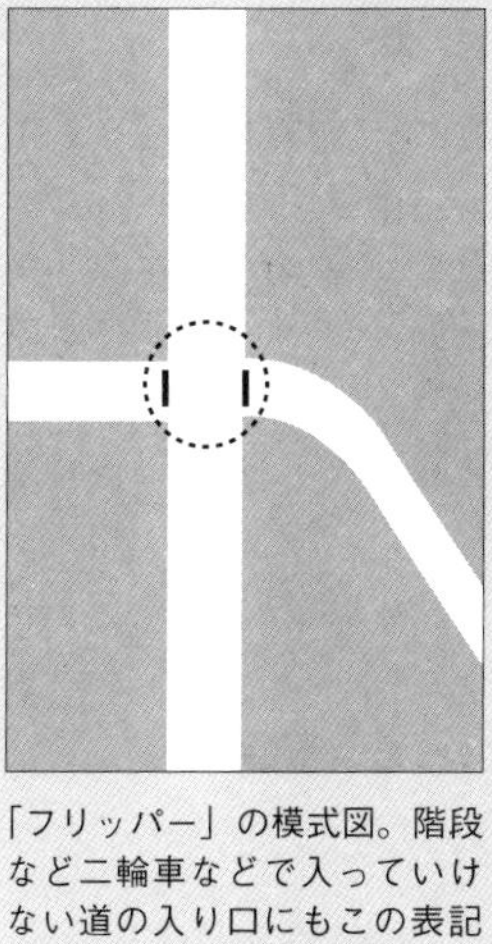

「フリッパー」の模式図。階段など二輪車などで入っていけない道の入り口にもこの表記があり、必ずしも車止めとは限らないので注意が必要

⑤「橋の名残」が字に残る

最後はさらに地図の細部に分け入って、交差点の名前に注目してみる。先にも触れたが、交差点に橋の名前がついているのにすでに川がない、すなわち暗渠にかかる橋名が使われている交差点は意外とある。つまり交差点の名前も、暗渠を探す役に立つというわけだ。水の匂いは橋の名として交差点に残るのである。

東京都墨田区の「更正橋」交差点は、曳舟川の暗渠にかかる橋の名前を冠したもの。すでに橋の面影はないが、隣接する小学校に４本の親柱が保管されている

愉しく鍛える「暗渠力」

「Map de GO!」を使って暗渠を見つけたら、タビマエノートにメモしておこう。これをもとに現地でのスケジュールを立てれば、効率的に暗渠を楽しむことができる。

一連の行動は、いわばご当地「暗渠検定」だ。そう、旅先から出題された問題に、地図を使って愉しみながら解答を探り、旅をしながら答え合わせをするのである。

さて、次の旅では何点取れるだろうか。

【初出】
「あおもり暗渠散歩」（『めご太郎』第2巻、２０１９年）、「検証！地図から五ヵ条」（『東京人』２０１９年11月号）をもとに大幅に加筆修正

第9章

一つの都市を暗渠で斬れば［横浜編］

「横浜」で、
いざ試し斬り。

横浜の交差点に息づく暗渠
――暗渠×橋×交差点で見る横浜・南区川事情

髙山英男

意外な「何か」とかけ合わせて暗渠を述べてきた本書だが、最終章は直球でいこう。ひとつの都市（街）を暗渠目線で見てみることで、これまでとは違った景色や愉しさを浮かび上がらせてみようではないか。

選んだ場所は「横浜」。これまで何度か横浜の出版社・星羊社の地域情報誌『はま太郎』に原稿を書かせていただいたおかげで、住んでいるわけでもないのに、横浜には若干のご縁ができた。ここでは、そんな我々との「適度な距離」を持つ横浜を一例として取り上げてみたい。

尊厳宿る、川の痕跡たち

暗渠であることを示す川の痕跡には、川の尊厳が宿っている。その痕跡は「暗渠サイン」（序章・12ページ）のようなものであり、代表格は橋跡やその一部である親柱だ。これらはモノであり、実際に触れたり撫でたりできるが、モノではなく、人々の記憶や観念として残る痕跡もある。その一つが、「橋の名前」だ。

橋は、川の両岸をつなぐものであると同時に、川を任意の長さで区切り、河川上の座標を特定するマーカーでもある。だからこそ、「数寄屋橋で会いましょう」などと、場所を特定しての待ち合わせに橋の名前が使われたりするわけだ。たとえ川が暗渠化され、水面が失われても、たとえ橋が撤去されてしまっても、「橋の名前」は人々の記憶にたしかに刻み込まれた、川の尊厳と言えるのではないか。

そんなものが炙《あぶ》り出せたらと思い、交差点の名前に「橋」の名がどれくらい残っているかを調べてみた。人々の記憶の中に残る橋名を全部洗い出すのは到底できないだろうけど、せめて交差点名として残っているものだけでもざっと眺めてみたい。

東京都中央区の「京橋」交差点そばには、かつての京橋の巨大な親柱が痕跡として残されている

東京に残る「橋」の名前の交差点

まずは、私のホームグラウンド、東京23区で調べた結果は、第3章でご紹介した通りだ。

東京23区内には、3959カ所の交差点があり、うち465カ所が、橋の名前が含まれる「橋」交差点である。このうちの104カ所が、すでに水面を失くした「暗渠にかかる橋」の名を冠した交差点である。

これらの中には、京橋川暗渠にかかる中央区「京橋」のように、近くに立派な橋の親柱がモノとして残るものもあれば、笄《こうがい》川暗渠にかかる港区「広尾橋」のように、モノはすでに跡形もないが、呼び名として人々のモノガタリにのみ残るものもある。それらどちらもがれっきとした川の痕跡であり、川の尊厳なのである。

横浜「暗渠にかかる橋」事情

では、横浜はどうか。同じく横浜市全体で、「ABC法（暗渠-Bridge-Crossroad カウント法）」を用いて調べてみた（2019年8月時点）。

横浜市全体で2235カ所の交差点があり、うち216カ所が「橋」交差点である。このうち40カ所が「暗渠にかかる橋」の名を冠した交差点であった。

東京23区と横浜市を比べると、そもそも東京23区のほうが圧倒的に交差点の数が多い。しかし、面積1平方キロメートルあたりで換算すると（総面積は東京23区＝627平方キロメートル、横浜市＝437平方キロメートル）、東京23区が6・3カ所、横浜市5・1カ所と、横浜市がちょっとだけ少ないが、まあそんなに劇的に土台が違うというわけではないようだ。

では細かく、横浜市内各区の「暗渠にかかる橋」事情を見ていこう。

横浜18区のなかで「暗渠にかかる橋」が最も多いのは、都筑区の7カ所であった。

これら7カ所のうち、「出崎橋」「新整橋」「新整橋西側」「梅田橋」の4カ所は、第三京浜港北インターから西に延びる緑産業道路上、ららぽーと横浜周辺に集中している。

また都筑区は、「橋」交差点のうち「暗渠にかかる橋」がどのくらいあるかという「暗渠化率」（「暗渠にかかる橋」交差点数を「橋」交差点数で割ったもの）でも、他の区をぶっちぎっての第1位、46・7パーセントであった。平成時代の大開発による都筑区の変わりぶりを思い返せば、そりゃあそうだねと納得の数字である。

ABC 法による交差点カウント

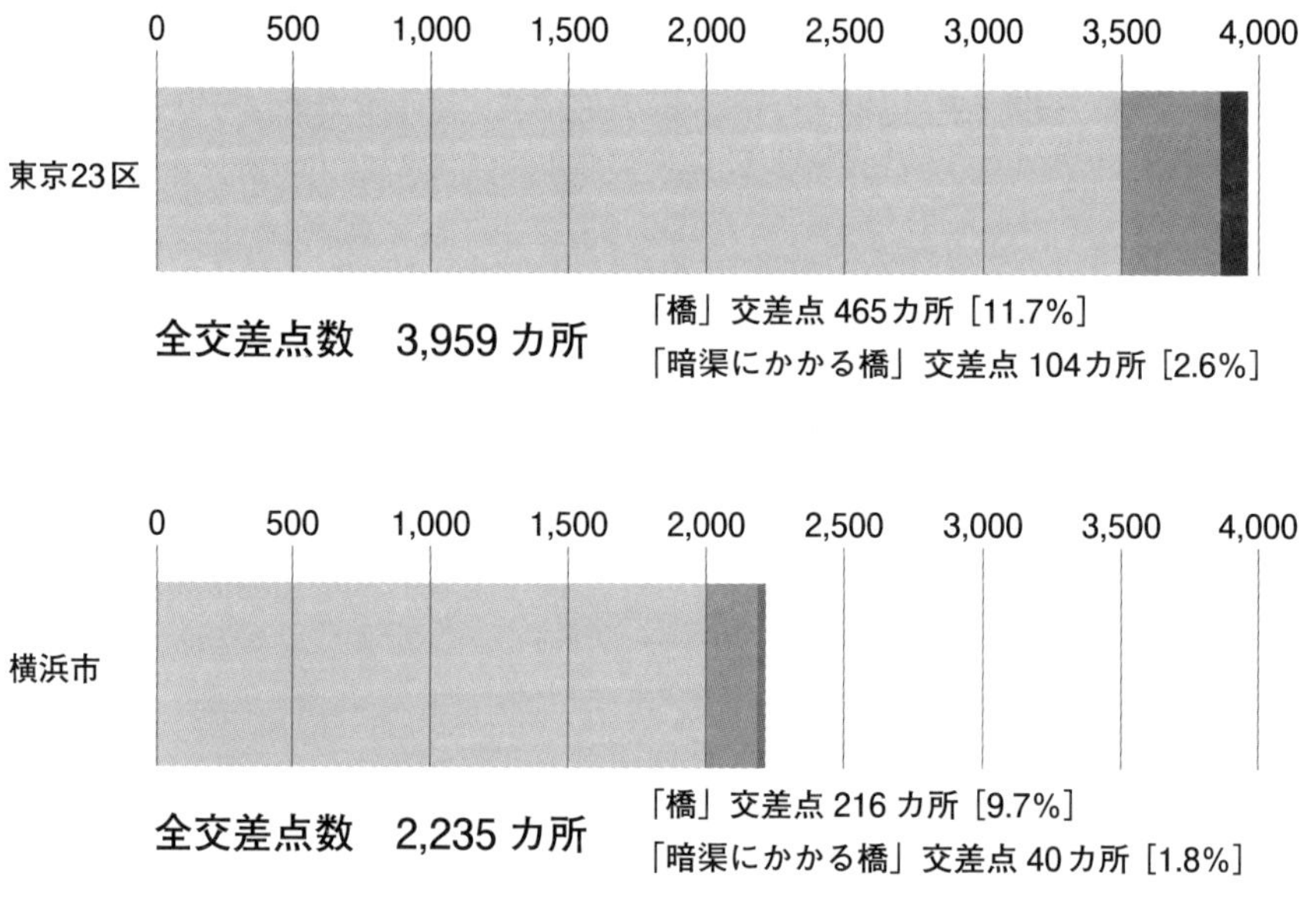

新整橋交差点。これを含む都筑区の「暗渠にかかる橋」交差点のうち４カ所は、鶴見川支流・江川が緑産業道路になったところにかかるもの。付近は「江川せせらぎ緑道」として整備されている

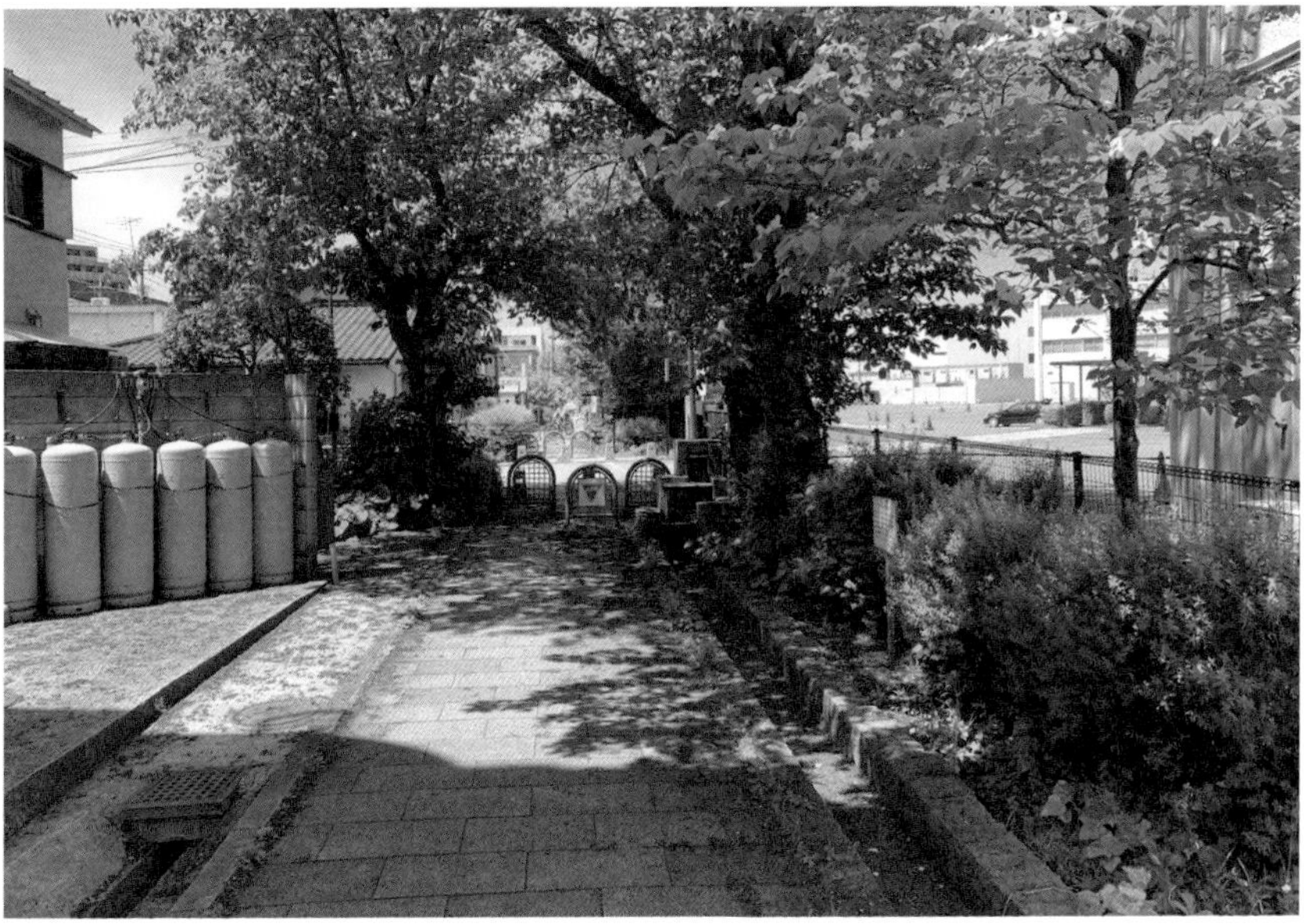

江川暗渠の梅田橋交差点付近では、「池辺町せせらぎ緑道」として北東からさらにもう１本の暗渠が合流してくる

横浜市 18 区の交差点数

	交差点数 a	「橋」交差点数 b	含有率(%) b÷a	順位	「暗渠にかかる橋」交差点数 c	含有率(%) c÷a	順位	暗渠化率 (%) c÷b
1. 鶴見区	162	13	8.0	13	3	1.9	9	23.1
2. 神奈川区	135	17	12.6	4	4	3.0	4	23.5
3. 西区	82	16	19.5	2	4	4.9	2	25.0
4. 中区	201	24	11.9	6	4	2.0	7	16.7
5. 南区	76	19	25.0	1	5	6.6	1	26.3
6. 保土谷区	97	8	8.2	11	0	0.0	13	0.0
7. 磯子区	107	14	13.1	3	3	2.8	5	214
8. 金沢区	128	10	7.8	14	1	0.8	12	10.0
9. 港北区	122	10	8.2	12	2	1.6	10	20.0
10. 戸塚区	157	13	8.3	10	3	1.9	8	23.1
11. 港南区	121	15	12.4	5	3	2.5	6	20.0
12. 旭区	95	4	4.2	17	0	0.0	13	0.0
13. 緑区	96	4	4.2	18	1	1.0	11	25.0
14. 瀬谷区	60	5	8.3	8	0	0.0	13	0.0
15. 栄区	108	9	8.3	8	0	0.0	13	0.0
16. 泉区	141	8	5.7	16	0	0.0	13	0.0
17. 青葉区	200	12	6.0	15	0	0.0	13	0.0
18. 都筑区	147	15	10.2	7	7	4.8	3	46.7
横浜市計	2235	216	9.7		40	1.8		18.5

「暗渠にかかる橋」交差点の含有率比較

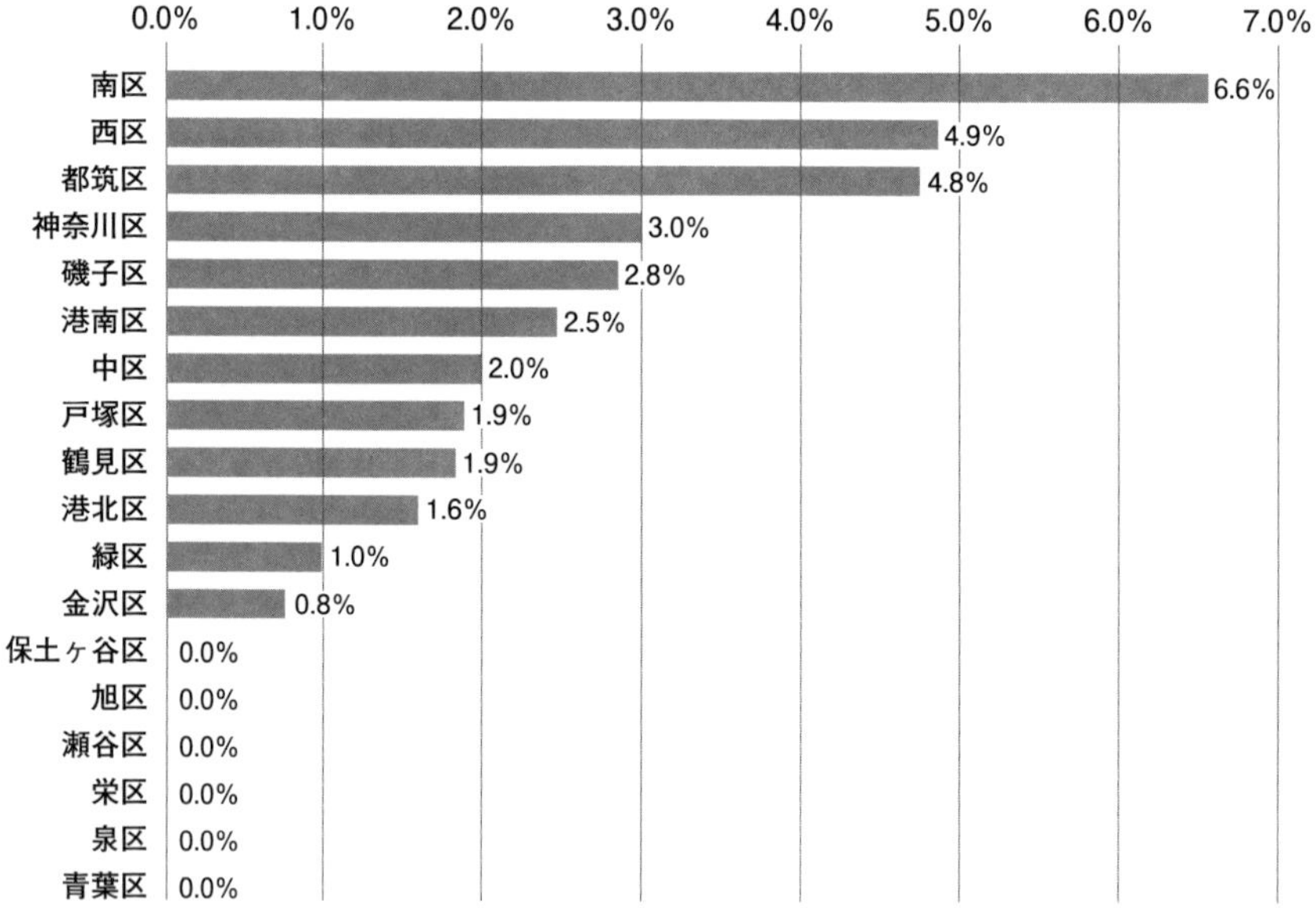

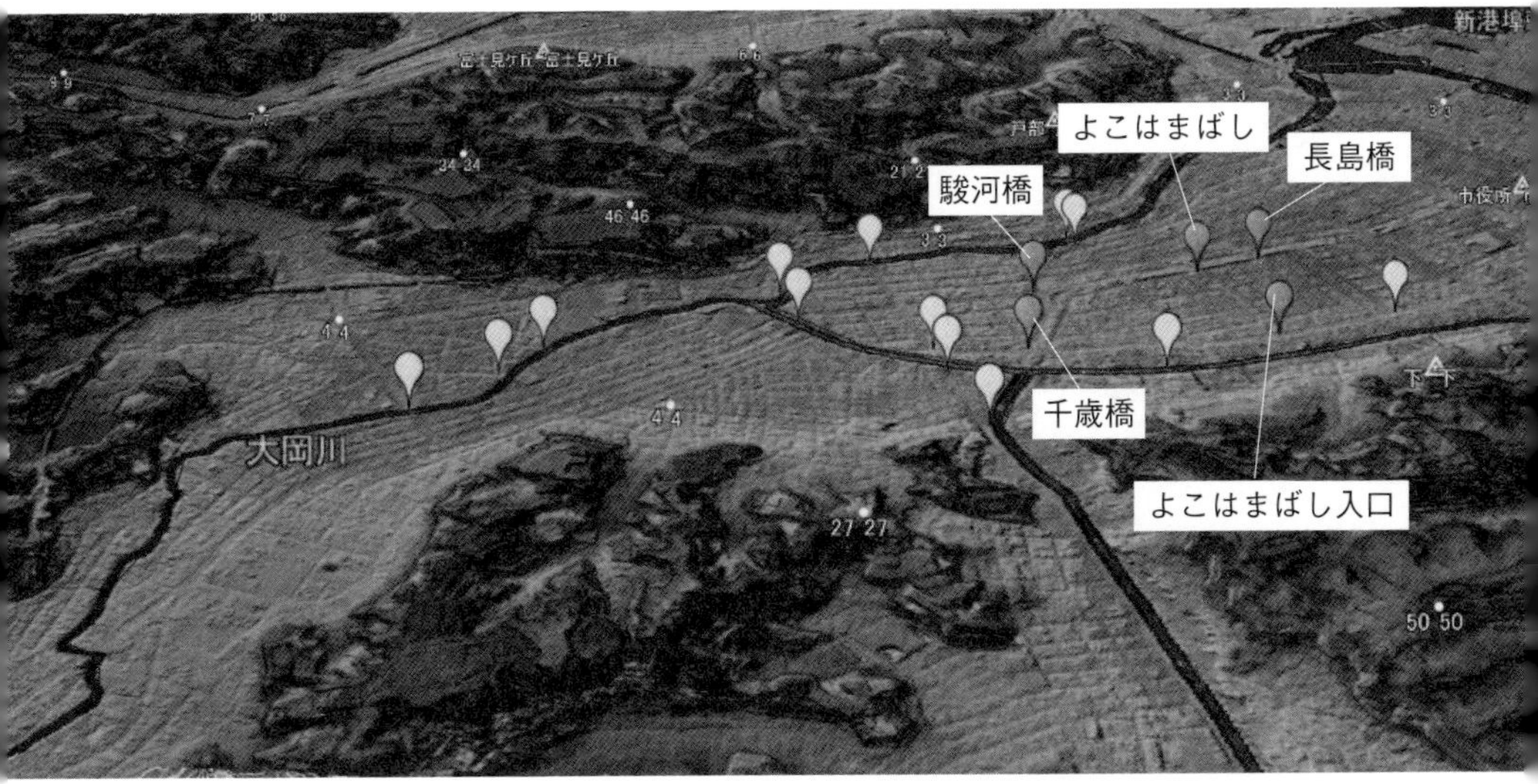

南区の「橋」交差点と「暗渠にかかる橋」交差点。「暗渠にかかる橋」交差点は、低地である吉田新田西部エリアに集中している（「東京地形地図 gridscapes.net」をベースに位置をプロット）

「濃さ」では南区、ナンバーワン

では絶対数はともかく、全交差点数に占める含有率、つまり「濃さ」ではどうだろう。

全交差点数における「橋」交差点含有率（「橋」交差点数を全交差点数で割ったもの）および「暗渠にかかる橋」含有率（「暗渠にかかる橋」交差点数を全交差点数で割ったもの）を見てみると、18区中最も高いのが南区である。

南区には76カ所の交差点があり、その中で「橋」交差点は19カ所で、含有率25・0パーセント、そのうち5カ所が「暗渠にかかる橋」なので、含有率6・6%となっている。前述の通り、「暗渠にかかる橋」の数では都筑区に譲ったけれど、都筑区の交差点数はそもそも147カ所と、南区の倍ほどもある。しかし、数でなく割合で見れば、南区独特の川的・暗渠的な「濃さ」が浮かび上がってくる。

これら南区の「暗渠にかかる橋」5カ所とは、「駿河橋」「千歳橋」「長島橋」「よこはまばし」「よこはまばし入口」交差点である。

横浜中心部に土地勘のある方なら、もうすでにピンとき

上右・上左／「長島橋」交差点。かつての新吉田川の流れは、1978年に大通り公園として生まれ変わった
下／新吉田川にかかっていた横浜橋から、よこはまばし商店街が始まる。こちらは「よこはまばし」交差点だが、この反対側にも市民酒場・信濃屋が建つ「よこはまばし入口」交差点がある

ているだろう。そう、これらの橋はすべて大岡川と中村川に挟まれた横浜の下町、吉田新田西部エリアにあり、さらに昭和40年代に埋め立てられた新吉田川、新富士見川にかかっていたものである。このエリアこそ、水面をなくした川の尊厳を、横浜市で最も濃密に感じられる場所であると言えよう。

感じてみよう、「横浜の原風景」

「南区には、横浜の原風景があるんです」

横浜の「市民酒場」をこよなく愛し、ご夫婦で単行本『横濱市民酒場グルリと』や地域情報誌『横濱で呑みたい人の読む肴 はま太郎』などを手がける出版社、星羊社の星山健太郎社長から聞いた言葉だ。

平成に入って閉店、廃業が相次ぎ、今となっては貴重な横浜の昭和遺産ともいえる「市民酒場」は、文字通り酒と食で横浜の経済成長を支えてきた。南区はその発祥の地なのである。

昭和50年代生まれの星山社長が言う横浜の原風景とは、いつの時代の景色なのだろう。それはやはり昭和初期から高度経済成長期にかけて都市化が急激に進む頃、ハマっ子の英気を養う市民酒場が南区を中心に増え続けた頃のことを指すのか。であれば、新吉田川や新富士見川にかかる橋からも、まだ水面が輝いて見えていたはずだ。

みなさんもいつか、南区の一角に残るこれらの交差点に赴き、川の痕跡を確かめながら横浜の原風景を感じてみていただきたい。そして、そこにたゆたうている川の尊厳に気づいたら、そっと愛でてあげてほしいのだ。

【初出】「暗渠×橋×交差点 横浜・南区 川事情」（『はま太郎』16号、2019年）に加筆修正

【参考文献】
横浜開港資料館編『川の町・横浜――ミナトを支えた水運』2007年
『横濱市民酒場グルリと――はま太郎の横濱下町散策バイブル』星羊社、2015年
横浜タイムトリップ・ガイド制作委員会編著『横浜タイムトリップ・ガイド』講談社、2008年

横浜市営地下鉄ブルーライン伊勢佐木長者町駅の壁面。かつての橋の銘板が展示されている

新吉田川暗渠沿いの市民酒場、安戸屋。残念ながら2019年3月30日をもって閉店となった

独自の切り口で「横浜」を探り続ける星羊社の書籍

千代崎川飲み下り

吉村 生

暗渠を歩くとき、舟下りのような気分になることがある。ただ、流される。何も考えずに、流されてゆく。そんなときも、あってもいいのではないか？　流されながら、ふらりと飲み屋に入る。舟下りで、飲み下りだ。

『多摩川飲み下り』という本がある。学生のころ愛読していたミニコミ誌『酒とつまみ』の大竹聡さんの著作だ。店のチョイスが恐ろしく自分と似ており、伴走しているような気になってくる本だった。その大竹さんと飲み下る機会を得たので、千代崎川という横浜の暗渠を選択した。根岸の山の上から流れ出し、いくつもの支流を合わせながら、本牧へと流れていた川。比較的飲食店があり、なおかつ、川らしい風情が濃く残る、飲み下りにふさわしい暗渠なのである。ただ、下れば下るほど、どの駅からもどんどん遠のくことが恐ろしい。飲みすぎて気を失わないようにしないといけない。

『多摩川飲み下り』では、基本的には大竹さんが一人で、多摩川の上流から1駅ずつ、電

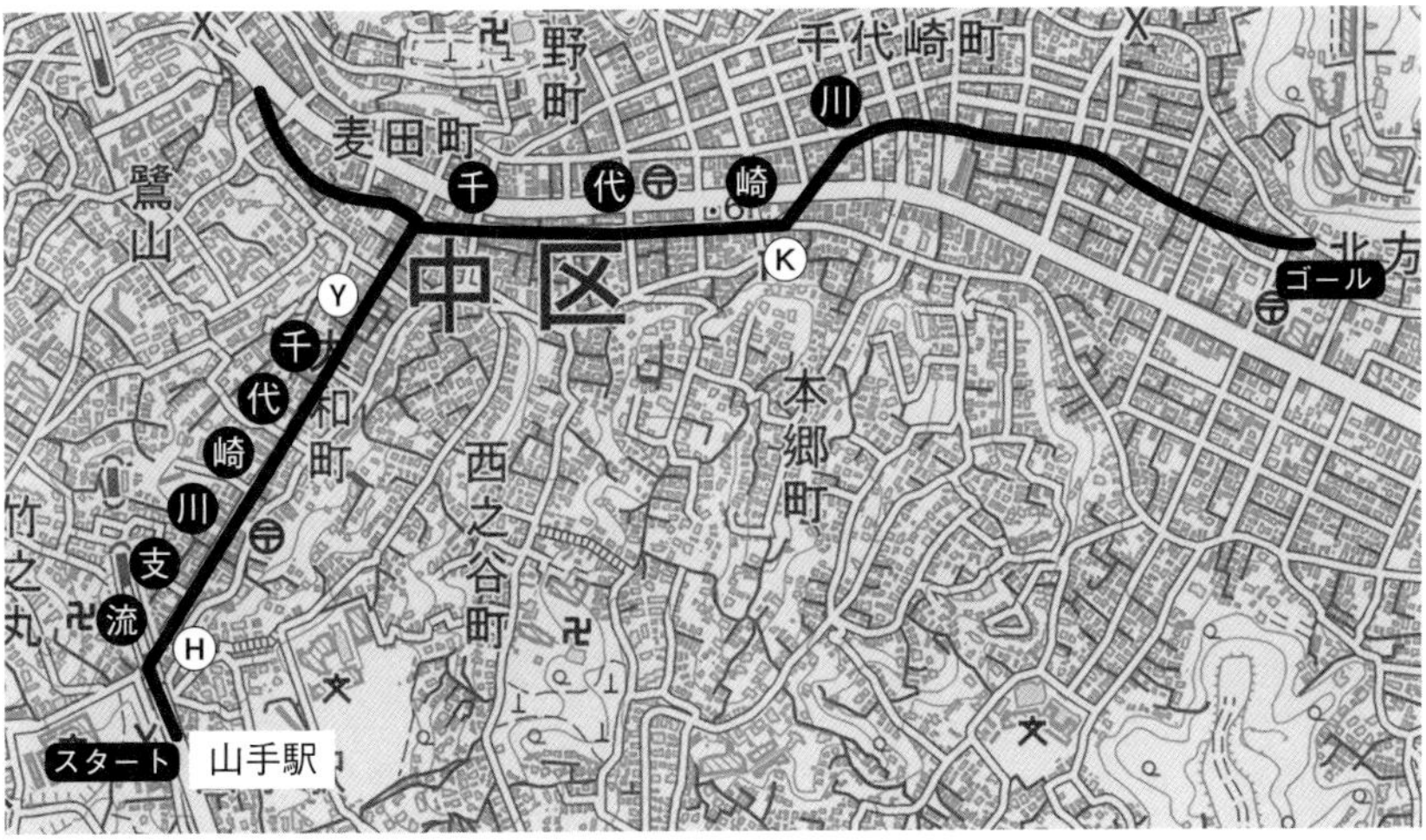

今回、飲み下りで移動したルートを示した。千代崎川全体からみると、ほんの一部である（地理院地図）

車に乗ったり降りたりして酒を飲んでいく。一気に下るのではなく、少しずつ時間をかけて達成する。以前わたしは大竹さんの『中央線で行く東京横断ホッピーマラソン』をパクり、日本酒マラソンやら、洋酒マラソンやら、酒縛りの暗渠マラソンを続けていた。このマラソンのきつい点は、「その酒しか飲んではいけない」という縛りだ（注：自ら作った縛りである）。適当にはしご酒をするのだが、その酒が店になかったらどうしようという不安が常につきまとう。その点、「飲み下り」はいい。なにしろ、何を飲んでもよいのだから。

悪くなっていた肝臓の調子を整えるため、10日間の禁酒という英断をした。そして迎えた２０１９年７月某日。横浜&酒といえば、の星羊社編集部のお二人を道連れに、17時に山手駅で待ち合わせた。まだ明るい。それがとてもいい。10分前、暗渠ハンターT氏が改札と逆方向から出現。暗渠を追いかけて一山向こうから歩いてきた、という。そして唐突に肝臓の薬を分けてくれた。山で拾ったドングリかと思った。ついで、星羊社のH氏とN氏が到着。いつもスタイリッシュで

山手の商店街。写真からはわかりにくいが、建物の後方を見れば崖があり、まっすぐな谷底であることがわかる

ほっそりしている二人だが、今日はよりほっそり、というかげっそりしている。直前まで『はま太郎』（横浜の酒場愛に満ちた雑誌）の入稿作業があったらしい。そのダメージが残っているので、最後まで飲めないかも、といつになく弱気なN氏。自分含め、最初から故障者が複数いる、という状況。ま、中年なのでしょうがない。そしてレジェンド・タケさんの登場。この時点で早くも感無量となる。飲み下り、スタート。である。

1杯目に早くありつくことが大切だ。しかもここは座って飲みたい、と、駅前の店を目指す。山手の商店街は射撃場跡があったことで知られていて、駅前にもその説明板が立っている。射撃場は、谷戸を利用してつくられることが多い。だから、射撃場あるところに暗渠あり、暗渠サインといっても過言ではない。射撃場ができる前、ここには谷があって水田があり、千代崎川支流が流れていた。すなわち、山手の商店街だったらどのお店に入っても暗渠飲み、ということになる。

1軒目にと思っていたのは、以前昼食を食べにきて気に入った、H。地下なので、暗渠の隣で飲んでいるような気になるのがいい。その他にも、溢《あふ》れ出る昭和感、ファミリー感、食べ物はコスパがよいうえ、オネエさんの声も可愛くて、実に居心地がよかった。ここに入ろう。17時開店なので、大きなテーブルがちょうどよく空いている。メニューにビールはないものの、お店にはお酒は何種類かある模様。「とりあえず、瓶ビール2本ください」と言ってみる。すると、ちゃんと瓶ビールがありました。では1回目の、カンパーイ。10日ぶりの酒のうまさよ。

1軒目、洋食店Hのツマミと缶ビール

おつまみは、サラミにチーズ、ぽってりとして可愛いオムレツ。タケさんによる北九州の角打ちにいた猛者列伝がおもしろく、どんどん飲みたくなって、そしたらだんだんビールが減ってきた。ビール、追加。頼むと、お姉さんが外に買いに行ってきてくれた缶ビールが供される。我々、瓶ビール全部飲んじゃったんですね……夜の部の開店直後だってのに、すいません。

2軒目、Yのモツ煮。こぼしてある斬新なビジュアル

缶ビールを飲み干したら、次へ。と、川を下って行く。H氏とN氏はこのあたりの飲み屋も熟知していて、「この通りは焼き鳥屋が多いんです」とか、「このお店はこういう風によい」とか、いろんな飲み屋情報をくださる。支流のありそうな道を見つけ、それらしい暗渠講釈を垂れたりしながら歩き下ると、今度は立派な銭湯が現れる。いなり湯。暗渠サインですね。威風堂々たる破風造り。横浜は伊勢佐木長者町駅近くにある、永楽湯とも似たファサードのタイル使いに、もしかすると横浜銭湯の特徴か？なんて仮説を立てたりします。

銭湯の少しだけ先に、2軒目が見えてきます。立ち飲みのもつ焼き屋、Y。ここで仕事上がりの編集Y氏が駆けつけてくれます。では2回目の、カンパーイ。なんとなく生ビールを頼んだものの、折角タケさんと飲んでるんだから、ホッピーにすればよかった！掛け声は、「ホッピーで、ハッピー！」にすべきだった……そんなことに気づいたのは翌朝でした。とほほ。

しかしこの、Yのモツ煮には度肝を抜かれる。まるで日本酒のように、こぼしてあるんです、モツ煮を。串焼きの盛り合わせを頼んだら、色々と凝った串が出てきて、これもよかった。お隣の客のポテサラを見たら、野球ボールをどでかくしたような塊にマヨネーズがモリモリにかけてあってたまげました。……そうこうするうち、背後に行列ができ始める。長っ尻は無用。お会計して、また下ります。

ようやっと、千代崎川の本流へ到着。山手の商店街との交差位置に、橋の親柱が二つ残っているのが見える。

「ああ！　これは川って感じがするねえ」。本流の暗渠を見て、タケさんが反応してくださる。暗渠冥利に尽きるってもんです。それまで暗渠というと、タモリ倶楽部で入った神田川分水路の話くらいしか覚えていないそうですから、タケさん2本めの暗渠がこの千代崎川、ってことになる。しかしここの千代崎川の暗渠は、いつ見ても艶《なまめ》かしい。美麗な弧を描きながら、細く刻まれたコンクリートの、独特な蓋《ふた》がかかる。ちょっとだけあいた穴の下には暗渠の流れがあるので、「ここから唾を落とすと、海まで流れて行くんですよ」とT氏。酔ったのか……？　そういや『酒つま』もよかったけど、『モツ煮狂い』もよかったですよね、著者さんどうしてますかね、なんて話しながらブラブラ下ります。

お次は中華料理屋Kへ。ここはもう、暗渠沿いで

横浜特有の料理、バンメン。暗渠沿いで啜るとまた格別なり

千代崎川名物、二段道路の風景。高いほうが川跡。夜は車が少なくて、眺めがいい

ないとしても最高な風情。いかにも横浜って感じの、上品でレトロな店構えに調度品。よいですねえ、いやあよいですねえと口ぐちに言い合いながら着席し、紹興酒のあったかいのをボトルで注文。あとは、餃子、バンメン、ザーサイ豆腐。バンメンってのは横浜らしい麺類だそうで。いろいろなタイプがあるなか、Kのバンメンは五目ラーメンぽい感じ。しかし、どれを食べても本当に美味しい。町の中華が本格中華だってのは、さすが横浜です。もう、この頃には記憶はまだらなんですけどね。

あと1軒、川から少しずれちゃうけど、良い角打ちがあるんですよ、とH氏。それは行かねばならぬ、と川をさらに下る。そうすると、千代崎川の名スポット、二段道路が出現。「どっちが川でしょうか」クイズを出したり、また橋跡を見つけてタケさんと親柱をはさんで記念写真を撮ったりしながら下ります。肝心の酒屋さんはとっくに閉店。今度は昼間っから飲みたいですね。そのあたりで、結構いい時間になっているのに気づくのでありました。

下れば下るほど、どの駅からもどんどん遠ざかるという、世にも恐ろしい千代崎川飲み下り。故障者もいることだし、河口にいたらず、大人しく帰宅いたしました。

あくる日、『酒とつまみ』を久しぶりに読み返す。実に馬鹿馬鹿しい、それが賛辞にふさわしい。全力で酒を飲むことをおもしろがる。ほとばしるエネルギーがすさまじく、笑いが止まらない。もしかすると自分の暗渠に対する行動指針「好きなものを楽しく追求する」「思いつくままになんでもやってみる」の原点は、ここにあったのかもしれないな。案の定二日酔いとなり、ポカリスエットの最後のひと口を飲み干しながら、そんなことを思った。


【参考文献】

大竹聡『多摩川飲み下り』ちくま文庫、2016年

暗渠カレー図鑑

吉村 生

忙しくて暗渠に行けないとき、わたしは家で暗渠をつくる。元ネタはダムカレーだ。水をせき止めるダムと、水が流れる谷戸。これらをコメとカレーで表現しようとすることは、人として自然なことではなかろうか。

谷戸カレー

鶴見川源流で見た壮大で典型的な谷。玄米を混ぜれば地面らしさが出る。谷の最深部を脳裏に描きながら、コメを成形してゆく。山肌から湧き出る水をイメージしながら、カレールウを注ぐ。前日の肉じゃがの残りを使った肉じゃがカレーに、鶏ひき肉と豆腐と春菊のハンバーグを添えた。

想像力は、暗渠探索に欠かせない。そのため、わたしは時々開渠や湧水も見に行く。このカレーは、そういった現役の湧水からなる川のはじまりであり、想像上の川のはじまりでもある。

鳥久保カレー

どうしてもチキンカレーが食べたくなった。手羽元を買ってきてじっくりと煮込む。さて、カレーを作ったら、暗渠にするしかない。どこの谷にしようか。そういえば「鳥」の名のつい

谷戸カレー

た谷戸が五反田のほうにあった。谷を成形し、台地にはパセリをきざんでのせる。鶏肉はごろりと、多摩川岸に打ち上げられる大きな石のように置く。

地名の由来は動物の鳥ではなく、土地の形状からきているそうだ。目黒駅で降りて東進し、五反田側に意識を向けると、急崖に出会う。そこが鳥久保であり、下ってゆけば家の隙間や駐車場の隣に、今も名残の空間がある。初めて歩いたときは、暗渠上にごろりとベッドが捨ててあり、驚いたものだった。

鳥久保カレー

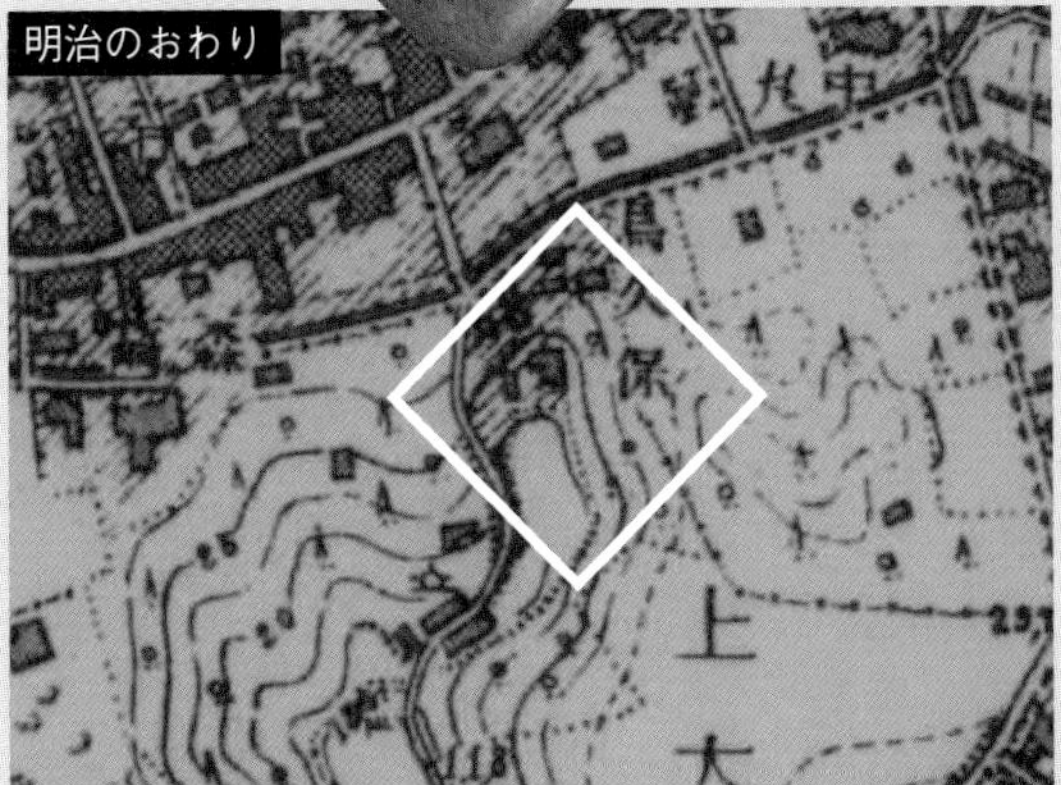

目黒駅のすぐ東に、旧小字「鳥久保」があった（東京時層地図）

へび道カレー

観光客にも話題のスポット「谷根千エリア」の暗渠といえばここ。「へび道」である。もともとここは藍染川であるため、その形が道にもそのまま残された。ヘビのような形なので「へび道」と呼ばれ、ここを歩くためにわざわざ迂《う》回《かい》してくるというファンまでいる。

蛇行がつくりやすいよう、チキンキーマにした。むかし近くに金魚屋さんがあり、大雨になるとたちまち溢《あふ》れ出して、藍染川を泳いでいたそうだ。そのことを思い出して、パプリカで金魚をつくり、泳がせてみた。

松庵川カレー（蓋がけ）

西荻窪には通をうならせる、実に個性的な暗渠がある。松庵川という。その中流部に、ボコボコと切梁《きりばり》が浮き出た「ゆるアスファルト暗

へび道カレー

「スーパー地形」より、千駄木駅付近の地形。へび道を白線で示した

渠」と呼ぶ形状がある。アスファルトがゆるいから経年変化でこうなったのではないか、と勝手に名づけてしまったが、真相は土の収縮のためである。

コメで成形した護岸のすきまに、キーマカレーを流し込む。ここまでは、素朴な小川の姿。その上に、ファストフード店で買ってきたポテトを配置すると、一気に近代化する。

次は蓋がけの工程だ。この「ゆるアスファルト」の表現に試行錯誤の末、友人の提案で採用したとけるチーズは、いささかゆるすぎるような気もするが、カレーと好相性である。イカ墨入りの灰色のチーズでも発売されればいいのだが。ちなみに、蓋がけはジャガイモを短冊に切り、硬めにゆでたものを、コンクリート蓋に見立てて行うこともできる。

蓋がけ工事完了後の暗渠カレーは、全体に白っぽく、やたらと地味である。しかもルウが完全に隠れてしまうため「今日はカレーだよ！」と言われたときのあの高揚感は、ほぼ打ち消される地味さである。

しかし、考えてみてほしい。暗渠趣味者とは、あのコンクリート蓋かアスファルトしか見えない、一見ただの道、地味な地面が好きなはずではないか。したがって、この地味な蓋がけ暗渠カレーこそが、最も暗渠らしい雰囲気をまとったカレーだということもできる。

ゆるアスファルトの再現

松庵川の名所のひとつ。川が見えるようだ

このように、暗渠カレーをつくる際には、あらかじめどの暗渠かを決め、古地図や航空写真を参照してつくるのでもよいし、食べたいカレーの具を先に決め、副菜などとのバランスからイメージされる暗渠をつくるのでもよい。成形するためにコメに手を触れたときの、インスピレーションでつくるのもいいかもしれない。そう、暗渠カレーに必要なのは想像力とコメとカレーだけ。あとは自由なのだ。

基本タイプを装飾し、具材でその谷らしさを演出した「我善坊谷カレー」

我善坊谷《がぜんぼうだに》は、六本木にある谷だ。谷頭《こくとう》部分を都道４１５号線がかぶさるように走っているさまをゆで卵で表現した。また、六本木周辺のごっちゃりした感じをさまざまな具で表現した。ラム肉のスパイス炒めや、ベジタブルカ

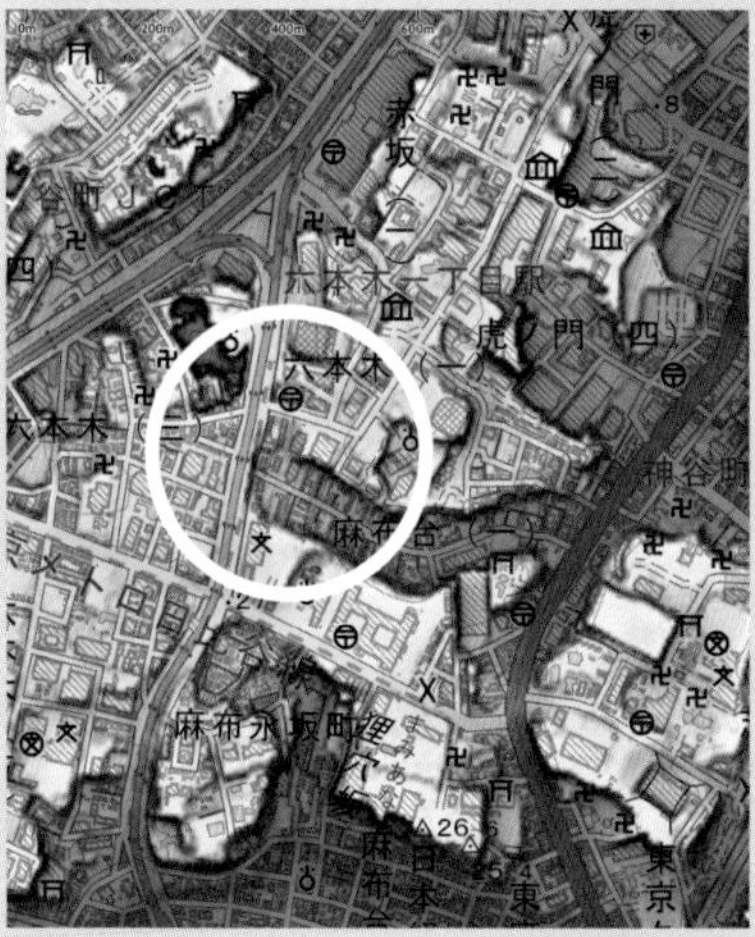

「スーパー地形」より、六本木あたりの地形を。カレーで再現したエリアを白丸で囲った

我善坊谷カレー

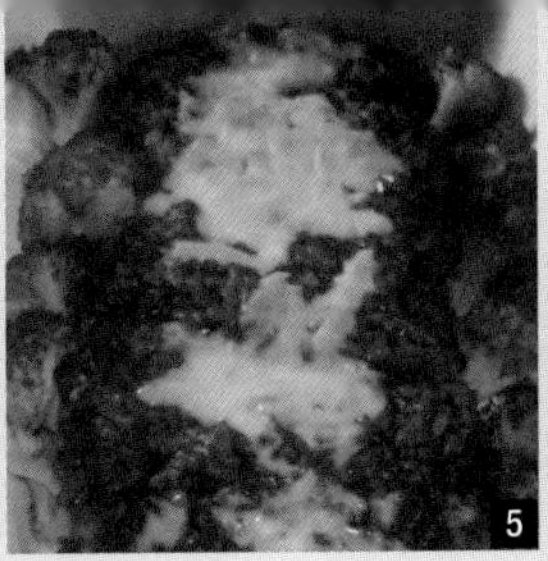

レーと豆カレー、その上にのせたベジタブルチップスやパクチーは、周辺の雰囲気を。ブロッコリーとスプラウトを横に置き、崖際にはまだ木々も残っていることを。漂う空気が実に暗渠的で独特、非常によい谷なのであるが、再開発が始まり、2019年秋には内部に入ることができなくなった。

実食の際は、コメという擁壁《ようへき》を崩し、ルウという水あるいは土と混ぜ、口に運ぶ。崩すとき、その土地のことを思う。これは、まさに再開発だ。我善坊谷は、そこにあった家屋も地面も、自然物も人工物も混沌《こんとん》となって、口の中に消える。

すべての土地にドラマがあるように、すべての暗渠カレーにも、ドラマがある。埋められてしまった川のこと、失われてしまった土地のことを考えると、悲しくなるときもあるけれど、せめてカレーはおいしく仕上げたい。

【初出】ウェブサイト「キャラ弁を超えたリアル地形メシ！渾身のマイ『暗渠カレー』コレクション」（「メシ通」2016年10月3日掲載）

暗渠カレー作成に
ご協力いただいたお店

（なお、これらのお店の暗渠カレーはイベント時に限定され、通常メニューではありません）

1, 2. 喫茶凸作暗渠２品
ローストビーフでつくられた暗渠と、植物の繁茂する護岸の牛すじ暗渠カレー。味も最高ながら、彫金の技術を持つ技巧派の店主の手にかかると、暗渠料理もこのとおり

3. ネグラ「桃園川カレー」
妄想インドカレーと銘打つネグラは、妄想たっぷりの暗渠と好相性。ネグラ最寄りの暗渠、桃園川を作ってもらった。桃をクコの実で表現するというこだわりぶり

4. もばいるカリー「お持ち帰り遊女」
暗渠と遊郭をテーマに話した横浜イベントで提供してもらった特製遊郭カレー。お歯黒ドブを再現するため、カレーに炭を混ぜているという

5. モモガルテン「夜の桃園川リゾット」
桃園川のほとりに建つカフェ。イカスミリゾットで開渠時代の夜の桃園川を表現。他にも、暗渠イベント時に暗渠ドリンクや谷戸カレーを作ってくださった（撮影も）

6.Tasu café「谷戸カレー」
西荻北暗渠博物館という展示イベントとコラボして作っていただいた谷戸カレー。善福寺池から川が流れ出すイメージで

7. ことたりぬ「暗渠的なカレー」
烏山川のすぐそばにあるカフェで、烏山川や世田谷城のトークをした日に、店主がイメージした暗渠的なカレーや、蓋らしいサンドイッチなどを作っていただいた

9

4

1

10

5

2

11

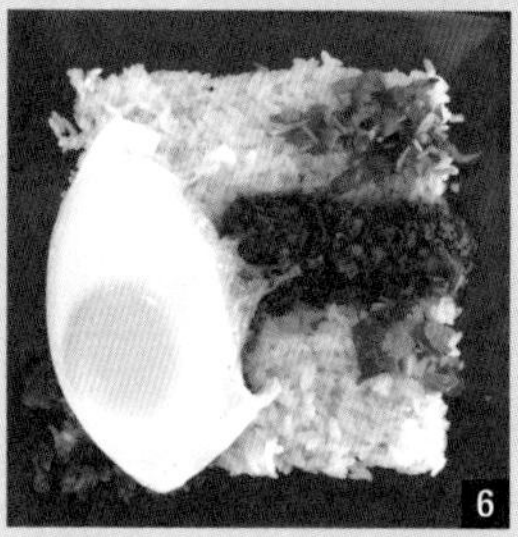
6

3

12

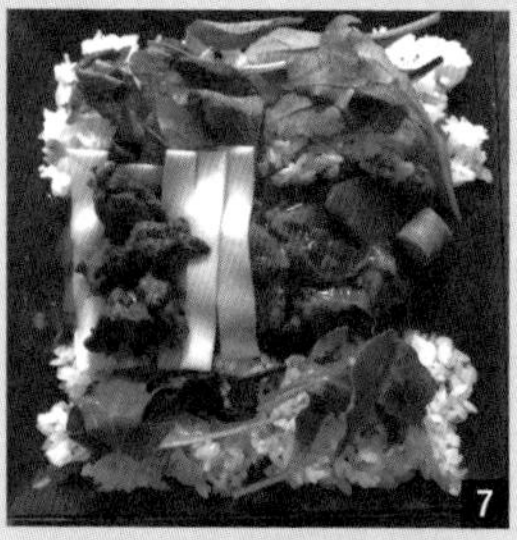
7

13

8

1. 烏山川カレー with 世田谷城
2. 国分川じゅんさい池カレー
3. 千代崎川カレー
4. 石神井川豊島弁天支流カレー
5. 井草川上流部カレー焼きそば
6. 桃井原っぱ公園ガパオライス
7. 川崎の暗渠カレー with ごみすて場
8. 牛込城とその濠カレー
9. 大横川と竪川の交差カレー
10. 平作堀と寺島ナスのカレー
11. 根岸競馬場カレー
12. 一般的なコンクリ蓋暗渠カレー
13. 小豆沢チリコンカン

おわりに

「私にとって暗渠とは何か」について、最後に触れておきたい。

これまでたくさんの暗渠を見てきたが、中でもとくに私が気になるのは、暗く湿ってひっそりした細道の暗渠であった。ほったらかされて草ぼうぼう、ところによっては粗大ゴミさえ捨ててあるような、疎外された場所。

しかしそんなところでも、注意深く見れば、聖なる川の痕跡を見つけることができた。そうすると、なんだか川だった頃のプライドまでもがそこに刻まれている気さえしてくるではないか。そんな暗渠を見て、ある日突然、「これは自分に似ている」と気づいたのである。

他人から見れば、疎まれるだけの存在かもしれない自分。しかしその内側には、自分さえも忘れかけていた自身の尊厳があるはずだ。そんな自己肯定感を私に思い出させてくれたのが暗渠である。その時から私は暗渠に夢中になった。暗渠を見ることは、自分と向かい合うことそのものとなった。暗渠から、自分のどうしようもなく駄目なところも、埋もれていた微かな誇りも見出すことができた。

本書タイトル『暗渠パラダイス!』の「パラダイス」とは、楽園であり泥沼だ。好きなものに囲まれる半面、絶えず自分との向き合いが強いられる場所なのである。

鮮やかな山茶花の花びらに祝福される暗渠。杉並区阿佐谷北１丁目

本書は、研究職を本業とする吉村と、マーケティングを本業とする髙山の共著である。二人で活動するときは「暗渠マニアックス」を名乗り、それぞれの職能を活かして、「深掘り」の吉村、「俯瞰」の髙山といった具合に役割分担をしてきたが、基本的には本書でもその分担を踏襲している。

アプローチやスタイルは違えど、二人とも暗渠を偏愛するマニアであり、暗渠のことばかり考えてきた。しかし、これまでの執筆活動やトークイベントなどの機会に皆様からいただく反応を通して、わかりかけてきたことがある。

それは、「暗渠は、実は暗渠以上の何かなのではないか」ということだ。私が暗渠を通して自分自身を見つけたように、誰にも暗渠をきっかけに見えてくるものがある。それは人によってさまざまだ。ときとして、それをきっかけに誰かと深いつながりができていくことさえある。暗渠は人生を豊かにする装置なのだ。

そんな暗渠がもっと多くの人に知られ、語られることを夢見て、本書ではなるべく「暗渠と異質なものを掛け合わせる」つくりを試みた。そのチャレンジの成果はいかほどであったか、お目通し後のご教示をいただければ幸甚である。

書き進める間は、こんな話を面白がってくれる人がいるのだろうかと何度も心細くなったものだが、編集を担当していただいた山田智子さんからの助言のおかげで何とか世に送り出せるものに仕上げることができた。本書の実質的なプロデューサーである山田さんに改めて感謝を申し上げる。

そして、大量の修正をさばきながらも、暗渠の魅力を最大限に引き出してくださったブックデザイナーの中村健さんには、深謝の言葉しかない。

また、これまでさまざまな催しにお声がけくださった皆様、快くご協力してくださった皆様、そしてそれらにご参加いただいた皆様。そして共著者である吉村さん。本書は皆様のおかげで生まれたと確信している。どうもありがとうございました。

2020年1月　大好きな暗渠の上で、細野晴臣さんの『はらいそ』を聴きながら

髙山英男

髙山英男（たかやま ひでお）

中級暗渠ハンター（自称）。1964 年、栃木県生まれ。俯瞰と分析・理論化を繰り返し、暗渠を広く捉える。モットーは「メタ思考で」「知識から知恵へ」「次の誰かのために」。好きなタイプの暗渠は、「草の薫り濃く苔生す裏路地暗渠」。

ブログ「毎日暗活！暗渠ハンター」
（旧「東京 Peeling!」）
http://lotus62ankyo.blog.jp/

吉村 生（よしむら なま）

深掘型暗渠研究家。1977 年、山形県生まれ。郷土史を中心に情報を積み重ね、じっくりと掘り下げていく手法で、暗渠の持つものがたりに耳を傾ける。もっとも情熱を注いでいる暗渠は、杉並・中野を流れていた「桃園川」。

ブログ「暗渠さんぽ」
http://kaeru.moe-nifty.com/

２人で「暗渠マニアックス」として、雑誌への寄稿や、暗渠をテーマにさまざまなイベントを企画するなど、暗渠を通して街を見たり、歩いたり、考えたりする活動を行っている。著書は、２人の共著として『暗渠マニアック！』（柏書房）。ほか、『地形を楽しむ東京「暗渠」散歩』（洋泉社）、『はじめての暗渠散歩』（ちくま文庫）、『板橋マニア』（フリックスタジオ）、『はま太郎』（星羊社）などにも執筆。

暗渠《あんきょ》パラダイス！

二〇二〇年二月二十八日　第一刷発行

著　者　髙山英男《たかやまひでお》×吉村《よしむら》　生《なま》
発行者　三宮博信
発行所　朝日新聞出版
〒一〇四-八〇一一　東京都中央区築地五-三-二
電話　〇三-五五四一-八八三二（編集）
〇三-五五四〇-七七九三（販売）

印刷製本　広研印刷株式会社

Published in Japan by Asahi Shimbun Publications Inc.
ISBN978-4-02-251665-7

定価はカバーに表示してあります

落丁・乱丁の場合は弊社業務部
（電話〇三-五五四〇-七八〇〇）へご連絡ください。
送料弊社負担にてお取り替えいたします。